机械设计 CAD 绘图
快速入门

谭荣伟　等编著

化学工业出版社
·北京·

《机械设计 CAD 绘图快速入门》以 AutoCAD 最新简体中文版本（AutoCAD 2014/2013 版本）作为设计软件平台，以实际机械工程设计图形为案例，紧密结合机械设计及管理工作的特点与要求，详细介绍 AutoCAD 在机械设计及管理工作中的应用方法与技巧，包括 CAD 基本使用功能与高级操作技巧以及各种图形的绘制与编辑修改方法。学习本书，可以快速掌握使用 AutoCAD 进行机械零件图、机械三视图、机械装配图、机械轴测图、机械三维透视图等各种机械图的快速绘制及应用方法。同时还详细阐述从 CAD 软件中将机械设计图形转换输出为 JPG/BMP 格式图片或 PDF 格式文件的方法，将 CAD 绘制的机械设计图形快速应用到 Word 文档中的方法。由于 AutoCAD 大部分基本绘图功能命令基本一致或完全一样，因此本书也适合 AutoCAD 2014/2013 以前版本（如 AutoCAD 2004 至 AutoCAD 2012）或 AutoCAD 2014/2013 以后更高版本的学习。

　　本书适合从事机械工程、模具工程、化工机械、其他专业机械等专业的设计师、工程师与相关管理技术人员使用；也可以作为机械相关行业领域初、中级技术职业学校和高等院校师生的教学、自学 CAD 用书以及社会相关领域 CAD 培训实用教材。

图书在版编目（CIP）数据

机械设计 CAD 绘图快速入门 / 谭荣伟等编著. —北京：化学工业出版社，2014.6（2021.4 重印）
ISBN 978-7-122-20245-1

Ⅰ. ①机… Ⅱ. ①谭… Ⅲ. ①机械制图-AutoCAD 软件 Ⅳ. ①TH126

中国版本图书馆 CIP 数据核字（2014）第 066414 号

责任编辑：袁海燕　　　　　　　　　　文字编辑：徐卿华
责任校对：宋　玮　　　　　　　　　　装帧设计：刘丽华

出版发行：化学工业出版社（北京市东城区青年湖南街 13 号　邮政编码 100011）
印　　装：北京盛通商印快线网络科技有限公司
787mm×1092mm　1/16　印张 17　字数 440 千字　2021 年 4 月北京第 1 版第 2 次印刷

购书咨询：010-64518888　　　　　　　售后服务：010-64518899
网　　址：http://www.cip.com.cn

凡购买本书，如有缺损质量问题，本社销售中心负责调换。

定　　价：58.00 元

前　言

机械设计（Mechanical Design），是指根据用户的使用要求对专用机械的工作原理、结构、运动方式、力和能量的传递方式、各个零件的材料和形状尺寸、润滑方法等进行构思、分析和计算并将其转化为具体的描述以作为制造依据的工作过程。机械设计是机械工程的重要组成部分，是机械生产的第一步，是决定力学性能的最主要的因素。服务于不同产业的不同机械，应用不同的工作原理，要求不同的功能和特性。机械设计的基本原则包括满足功能要求、满足经济性和工艺性要求、满足劳动保护性能要求、满足其他特殊要求等。

早期的机械设计进行图纸绘制主要是手工绘制，绘图的主要工具和仪器有绘图桌、图板、丁字尺、三角板、比例尺、分规、圆规、绘图笔、铅笔、曲线板和建筑模板等。手工绘制图纸老一辈工程师和施工管理技术人员是比较熟悉的，年轻一代使用比较少。随着计算机硬件技术的飞速发展，绘图摆脱了传统的手工绘制方式，实现了计算机绘图，使得绘图效率和图面美观性等大为提高；也使更多更好、功能强大全面的工程设计软件得到更为广泛的应用，其中 AutoCAD 无疑是比较成功的典范。AutoCAD 是美国 Autodesk（欧特克）公司的通用计算机辅助设计（CAD，即 Computer Aided Design 简称）软件，AutoCAD R1.0 是 AutoCAD 的第 1 个版本，于 1982 年 12 月发布。AutoCAD 至今已进行了十多次的更新换代，包括 DOS 版本 AutoCAD R12、Windows 版本 AutoCAD R14～2009、功能更为强大的 AutoCAD 2010～2014 版本等，在功能、操作性和稳定性等诸多方面都有了质的变化。凭借其方便快捷的操作方式、功能强大的编辑功能以及能适应各领域工程设计多方面需求的功能特点，AutoCAD 已经成为当今工程领域进行二维平面图形绘制、三维立体图形建模的主流工具之一。

本书以 AutoCAD 最新简体中文版本（AutoCAD 2014/2013 版本）作为设计软件平台，以实际机械工程设计图形为案例，紧密结合机械设计及管理工作的特点与要求，详细介绍 AutoCAD 在机械设计及管理工作中的应用方法与技巧，包括 CAD 基本使用功能与高级操作技巧以及各种图形的绘制与编辑修改方法。通过本书学习，可以快速掌握使用 AutoCAD 进行机械零件图、机械三视图、机械装配图、机械轴测图、机械三维透视图、机械三维效果图等各种机械图的快速绘制及应用方法。同时还详细阐述从 CAD 软件中将机械设计图形转换输出 JPG/BMP 格式图片或 PDF 格式文件的方法，将 CAD 绘制的机械设计图形快速应用到 Word 文档中的方法，方便使用和浏览 CAD 图形。由于 AutoCAD 大部分基本绘图功能命令是基本一致或完全一样的，因此本书也适合 AutoCAD 2014/2013 以前版本（如 AutoCAD 2004 至 AutoCAD 2012）或 AutoCAD 2014/2013 以后更高版本的学习。

全书在内容安排上，不仅精要而详细地介绍了 AutoCAD 的各种功能及其使用方法与技巧，而且全面又简明地阐述了机械设计及管理工作中经常使用的机械零件图、机械三视图、机械装配图、机械轴测图、机械三维透视图、机械三维效果图等各种机械设计图绘制过程和方法，真正做到轻松入门、快速使用、全面提高的目的。

该书由作者精心策划和认真撰写，是作者多年实践经验的总结，注重理论与实践相结合，实例丰富，实用性强，叙述清晰，通俗易懂，使用和可操作性强，更适合实际项目工程机械设计及管理工作使用需要。读者通过本书的学习，既能理解有关 AutoCAD 使用的基本概念，掌握 AutoCAD 进行机械设计图形绘制的方法与技巧，又能融会贯通，举一反三，在实际机械设计及管理工作中快速应用。

本书适合从事机械工程、模具工程、化工机械及其他专业机械等专业的设计师、工程师与相关管理技术人员，学习 AutoCAD 进行机械工程图形绘制的实用入门指导用书；也可以作为机械相关行业领域初、中级技术职业学校和高等院校师生教学、自学 CAD 图书以及社会相关领域 CAD 培训实用教材。

本书由谭荣伟负责内容策划和组织编写，黄冬梅、李淼、黄仕伟、雷隽卿、王军辉、许琢玉、卢晓华、苏月风、许鉴开、谭小金、李应霞、赖永桥、潘朝远、孙达信、黄艳丽、杨勇、余云飞、卢芸芸、黄贺林、许景婷、吴本升、黎育信、黄月月、韦燕姬、罗尚连等参加了相关章节编写。由于编者水平有限，虽然经过再三勘误，但仍难免有疏漏之处，欢迎广大读者予以指正。

编著者

2014 年 1 月

目 录

第 3 章
机械设计 CAD 基本图形绘制方法

第 4 章
机械设计 CAD 图形修改和编辑基本方法

第 5 章
机械零件平面图 CAD 快速绘制

第 6 章
机械装配图 CAD 快速绘制

第 7 章
机械零件轴测图 CAD 快速绘制

第 8 章
机械设计 CAD 三维图形基本绘制与修改方法

第 1 章

机械设计 CAD 绘图综述

本章结合机械设计的特点和要求，讲解 CAD 在机械设计工作中的应用及其绘制方法的一些基础知识。在实际机械设计中，设计师学习掌握 CAD 绘图技能是十分必要的，因为 CAD 可以有力促进机械设计工作，CAD 在一定程度上可以提高工作效率，方便进行技术交底、工作交流及汇报等。CAD 可以应用于机械设计中的方案图、轴测图、部件图、装配图等多方面绘制工作。

1.1 机械设计 CAD 绘图知识快速入门 <<<

在机械设计中，常常需要绘制各种图纸，例如模型零件图、零部件图、装配图、轴测图等，这些都可以使用 CAD 轻松快速完成。特别说明一点，最为便利的还在于，机械设计各种图形与表格使用 CAD 绘制完成后，还可以将所绘制图形从 CAD 软件中轻松转换输出 JPG/BMP 格式图片或 PDF 格式文件等，可以轻松应用到 Word 文档中，方便使用和浏览。CAD 图形具体转换方法在后面的章节中详细介绍。因此，从事机械设计工作的相关技术人员，学习 CAD 绘图是很有用处的。

1.1.1 关于机械设计

机械设计（Mechanical Design），是指根据用户的使用要求对专用机械的工作原理、结构、运动方式、力和能量的传递方式、各个零件的材料和形状尺寸、润滑方法等进行构思、分析和计算并将其转化为具体的描述以作为制造依据的工作过程。机械设计是机械工程的重要组成部分，是机械生产的第一步，是决定力学性能的最主要的因素。服务于不同产业的不同机械，应用不同的工作原理，要求不同的功能和特性。机械设计的基本原则包括满足功能要求、满足经济性和工艺性要求、满足劳动保护性能要求、满足其他特殊要求等。

一般而言，机械设计包括模型零件图、零部件图、装配图、轴测图等内容，如图 1-1 所示。

1.1.2 机械设计 CAD 绘图应用

早期的机械设计进行图纸绘制主要是手工绘制，绘图的主要工具和仪器有绘图桌、图板、丁字尺、三角板、比例尺、分规、圆规、绘图笔、铅笔、曲线板和模板等。手工绘制图纸老一辈工程师和施工管理技术人员是比较熟悉的，年轻一代或许使用比较少。如图 1-2 所示。

（a）某机械装配图　　　　　　　　　　　　　（b）某机械轴测图

图 1-1　常见机械设计图纸

（a）手工绘图示意

（b）手工绘图常用工具

图 1-2　早期手工绘图示意

　　比纯手工绘图更进一步的绘图方式，是使用绘图机及其相应设备。绘图机是当时比较先进的手工绘图设备，其机头上装有一对互相垂直的直尺，可作 360° 的转动，它能代替丁字尺、三角板、量角器等绘图工具的工作，画出水平线、垂直线和任意角度的倾斜线。绘图机可分为钢带式绘图机、导轨式绘图机，如图 1-3 所示。

（a）钢带式绘图机　　　　　　　（b）导轨式绘图机

图 1-3　常见手工绘图机

随着计算机及其软件技术的快速发展，在现在机械设计工程设计中，机械设计图纸的绘制都已经计算机数字化，使用图板、绘图笔和丁字尺等工具手工绘制图纸几乎很少。现在基本使用台式电脑或笔记本进行图纸绘制，然后使用打印机或绘图仪输出图纸，如图 1-4 和图 1-5 所示。

（a）台式电脑　　　　　　　　（b）笔记本电脑

图 1-4　图纸绘制设备

（a）打印机　　　　　　　　（b）绘图仪

图 1-5　图纸打印输出设备

1.1.3　机械设计 CAD 绘图图幅及线型与字体

（1）机械设计 CAD 绘图常见图幅大小

机械设计图纸的图纸幅面和图框尺寸，即图纸图面的大小，按《机械工程 CAD 制图规则》GB/T 14665、《技术制图图纸幅面和格式》GB 14689 等国家相关规范规定，分为 A4、A3、A2、A1 和 A0，具体大小详见表 1-1 所列，图幅还可以在长边方向进行加长一定的尺寸，参见工程和机械设计制图相关规范，在此从略。使用 CAD 进行绘制时，也完全按照前述图幅进行。图框详细 CAD 绘制方法在后面章节进行论述。

表 1-1　图纸幅面和图框尺寸　　　　　　　　　　　　　　　单位：mm

幅面代号	A0	A1	A2	A3	A4
$B \times L$	841×1189	594×841	420×594	294×420	210×297
e	20			10	
c	10			5	
a	25				

在图纸上必须使用粗实线绘制图框，其格式分为不预留装订边和留有装订边两种，但同一产品的图样只能采用一种格式。无装订边图纸的图框格式参见图 1-6 所示，其图幅大小按表 1-1 的规定执行；有装订边图纸的图框格式参见图 1-7 所示，其图幅大小按表 1-1 的规定执行。每张图纸上都必须绘制标题栏，标题栏的格式和样式按国家规范《技术制图标题栏》GB/T

10609.1 的规定执行，大小约 180 mm×56mm，参见图 1-8，标题栏的位置一般应位于图纸的右下角，参见图 1-9 和图 1-10。

图 1-6　无装订边图纸的图框格式

图 1-7　有装订边图纸的图框格式

图 1-8　标题栏参考样式

图纸以短边作为垂直边称为横式，以短边作为水平边称为立式。一般 A0～A3 图纸宜横式使用；必要时，也可立式使用。此外，CAD 还有一个更为灵活的地方，CAD 可以输出任意规格大小的图纸，但这种情况一般作为草稿临时使用，不宜作为正式施工图纸。在机械设计实际工程施工实践中，A3、A2 图幅大小的图纸使用最方便，比较受施工相关人员欢迎。

图 1-9　某机械设计图纸布局实例

（2）机械设计 CAD 图形常见线型

按照《机械工程 CAD 制图规则》GB/T 14665、《技术制图图样画法图线》GB/T 4457.4
等国家标准及规范的相关规定，机械工程制图图线宽度分为粗线、中线、细线，从 b=0.25mm、
0.35mm、0.50mm、0.70mm、1.0mm、1.4mm、2.0mm 线宽系列中根据需要选取使用，在同
一图样中同类图线的宽度宜一致，常见线型则有实线、虚线、点画线、折断线和波浪线等类
型，参见表 1-2、图 1-10 所示。

表 1-2　机械工程制图线型分组

组别	分　组					一般用途
	1	2	3	4	5	
线宽/mm	2.0	1.4	1.0	0.7	0.5	粗实线、粗点画线、粗虚线
	1.0	0.7	0.5	0.35	0.25	细实线、波浪线、双折线、细虚线、细点画线、细双点画线

粗实线　　　　　　　　　　　　　　中双点画线

中实线　　　　　　　　　　　　　　细双点画线

细实线　　　　　　　　　　　　　　折断线

中虚线　　　　　　　　　　　　　　双折线

细虚线　　　　　　　　　　　　　　波浪线

细点画线

图 1-10　常见机械工程 CAD 制图图线示意

一般情况下，图线不得与文字、数字或符号重叠、混淆，不可避免时，应首先保证文字
等的清晰。虚线与虚线交接或虚线与其他图线交接时，应是线段交接。虚线为实线的延长线
时，不得与实线连接。同一张图纸内，相同比例的各图样，应选用相同的线宽组。

机械工程设计 CAD 绘图即是按照上述线条宽度和线型进行的，实际绘图时根据图幅大小和出图比例进行调整宽度大小，具体绘制方法在后面章节详细论述，其中细线实际在 CAD 绘制中是按默认宽度为 0 进行绘制。机械工程制图采用的线型及其应用，宜符合表 1-3 的规定，常见粗线线型应用示例参见表 1-4。

表 1-3　机械工程制图采用的线型及其应用

代码	线型	一般应用	代码	线型	一般应用
01.1	细实线	过渡线	01.2	粗实线	相贯线
		尺寸线			螺纹牙顶线
		尺寸界线			螺纹长度终止线
		指引线和基准线			齿顶圆（线）
		剖面线			表格图、流程图中的主要表示线
		重合断面的轮廓线			系统结构线（金属结构工程）
		短中心线			模样分型线
		螺纹牙底线			剖切符号用线
		尺寸线的起止线	02.1	细虚线	不可见棱边线
		表示平面的对角线			不可见轮廓线
		零件成形前的弯折线	02.2	粗虚线	允许表面处理的表示线
		范围线及分界线	04.1	细点画线	轴线
					对称中心线
					分度圆（线）
					孔系分布的中心线
					剖切线
		重复要素表示线，例如齿轮的齿根线	04.2	粗点画线	限定范围表示线
		锥形结构的基面位置线	05.1	细双点画线	相邻辅助零件的轮廓线
		叠片结构位置线，例如变压器叠钢片			可动零件的极限位置的轮廓线
		辅助线			重心线
		不连续同一表面连线			成形前轮廓线
		成规律分布的相同要素连线			剖切面前的结构轮廓线
		投影线			轨迹线
		网格线			毛坯图中制成品的轮廓线
	波浪线	断裂处边界线：视图与剖视图的分界线			特定区域线
	双折线	断裂处边界线：视图与剖视图的分界线			延伸公差带表示线
01.2	粗实线	可见棱边线			工艺用结构的轮廓线
		可见轮廓线			中断线

表 1-4　线型应用示例

01.1	细 实 线	01.2	粗 实 线
01.1.1	过滤线	01.2.1	可见棱边线
01.1.2	尺寸线	01.2.2	可见轮廓线
01.1.3	尺寸界线	01.2.3	相贯线
01.1.4	指引线和基准线	01.2.4	螺纹牙顶线
01.1.5	剖面线	01.2.5	螺纹长度终止线
01.1.6	重合断面的轮廓线	01.2.7	表格图、流程图中的主要表示线
01.1.7	短中心线	01.2.8	系统结构线（金属结构工程）
01.1.8	螺纹牙底线		
01.1.9	尺寸线的起止线		
0.1.10	表示平面的对角线	01.2.9	模样分型线
01.1.11	零件成形前的弯折线		注：图形外左右两侧的符号为起模斜度符号
01.1.12	范围线及分界线		
01.1.17	不连续的同一表面连线	01.2.10	剖切符号用线
01.1.22	断裂处边界线：视图与剖视图的分界线		

（3）机械设计 CAD 图形常见字体和字号

按照《机械工程 CAD 制图规则》GB/T 14665 等国家制图规范的相关规定，CAD 机械设计制图图样中汉字、字符和数字应做到排列整齐、清楚正确，尺寸大小协调一致。汉字、字符和数字并列书写时，汉字字高略高于字符和数字字高。机械图上的文字应使用中文标准简化汉字。涉外的设计项目，可在中文下方加注外文；数字应使用阿拉伯数字，计量单位应使用国家法定计量单位；代码应使用规定的英文字母、年份应用公元年表示。一般情况下，小数点进行输出时，应占一个字位，并位于中间靠下处。

机械 CAD 制图的字体与图纸幅面之间的选用关系详见表 1-5；字体的最小字距、行距以及间隔线或基准线与书写字体之间的最小间距详见表 1-6、图 1-11 所示。

表 1-5　字体与图纸幅面之间的选用关系　　　　　　　单位：mm

字符类别	图　幅				
	A0	A1	A2	A3	A4
	字体高度 h				
字母与数字	5			3.5	
汉字	7			5	

注：h=汉字、字母和数字的高度。

表 1-6　最小字距、行距以及间隔线或基准线与书写字体之间的最小间距　　　单位：mm

字　　体	最　小　距　离	
汉字	字距	1.5
	行距	2
	间隔线或基准线与汉字的间距	1
字母与数字	字符	0.5
	词距	1.5
	行距	1
	间隔线或基准线与字母、数字的间距	1

注：当汉字与字母、数字混合使用时，字体的最小字距、行距等应根据汉字的规定使用。

图 1-11　机械设计 CAD 制图字体间距

分数、百分数和比例数的注写，应采用阿拉伯数字和数学符号，例如：四分之三、百分之二十五和一比二十应分别写成 3/4、25% 和 1:20。当注写的数字小于 1 时，必须写出个位的"0"，小数点应采用圆点，齐基准线书写，例如 0.01。

在实际绘图操作中，图纸上所需书写的文字、数字或符号等，均应笔画清晰、字体端正、排列整齐；标点符号应清楚正确。一般常用的字体有宋体、仿宋体、新宋体、黑体等，根据计算机 Windows 操作系统中字体选择，建议选择常用的字体，以便于 CAD 图形电子文件的交流阅读。字号也即字体高度的选择，根据图形比例和字体选择进行确定选用，一般与图幅大小相匹配，便于阅读，同时保持图形与字体协调一致，主次分明。

1.1.4 机械设计 CAD 图形尺寸标注基本要求

按照《机械工程 CAD 制图规则》GB/T 14665、《机械制图尺寸注法》GB/T 4458.4 等国家制图规范的相关规定，图样上的尺寸，包括尺寸界线、尺寸线、尺寸起止符号和尺寸数字，如图 1-12 所示。机械工程的 CAD 制图中所使用的尺寸线的终端形式有实心箭头、开口箭头、空心箭头、斜线、圆点等形式，如图 1-13 所示，在图样中一般按实心箭头、开口箭头、空心箭头、斜线、圆点的顺序选用。

图 1-12 尺寸标注组成名称   图 1-13 机械 CAD 制图尺寸线选用

机械图中尺寸线用细线绘制，其常见的箭头、斜线终端形式绘制要求如图 1-14 所示，机械工程图一般采用箭头作为尺寸线的终端。

d —— 粗实线的宽度 h —— 字体高度
（a）箭头形式   （b）斜线形式

图 1-14 机械图中尺寸线终端形式

在同一张机械图样中一般只采用一种尺寸线终端形式，当采用的箭头位置不够时，允许采用圆点或斜线代替箭头，如图 1-15 所示。

（a）   （b）

图 1-15 使用圆点或斜线代替箭头

机械曲线轮廓尺寸标注方法按图 1-16 所示规定进行标注。

（a）方法 1

（b）方法 2

图 1-16　机械曲线轮廓尺寸标注方法

机械图中尺寸界线一般应与尺寸线垂直，必要时才允许倾斜，如图 1-17 所示。

图 1-17　尺寸界线与尺寸线斜交的标注方法

机械图中标注角度的尺寸界线应沿径向引出，如图 1-18（a）所示；标注弦长的尺寸界线应平行于该弦的垂直平分线，如图 1-18（b）所示；标注弧长的尺寸界线应平行于该弧所对圆心角平分线，如图 1-18（c）所示，当弧度较大时，可沿径向引出，如图 1-18（d）所示。

（a）标注角度的尺寸界线画法　（b）标注弦长的尺寸界线画法　（c）弧长的尺寸注法　（d）弧度较大时的弧长注法

图 1-18　角度的尺寸界线标注方式

　　机械图中圆形的直径和圆弧半径的尺寸线的终端应画成箭头，并按图 1-19（a）所示的方法标注。当圆弧的半径过大或在图纸范围内无法标出其圆心位置时，可按图 1-19 所示的形式标注，若不需要标出其圆心位置时，可按图 1-19（b）的形式标注。

图 1-19　机械图圆形及弧线尺寸标注

　　当对称机械零件的图形只画一半或略大于一半时，尺寸线应略超过中心线或断裂处的边界，此时仅在尺寸线的一端画出箭头，如图 1-20 所示。

图 1-20　机械图绘制一半的方式

　　对于机械图中小尺寸的标注方法可按图 1-21 所示的形式进行标注，可以使用斜线或圆点代替箭头进行标注。

图 1-21　机械图中小尺寸标注

机械图中的线性尺寸数字的标注方向，一般按图 1-22 所示的方法标注。

（a）尺寸数字的注写方向　　　　　　　　（b）向左倾斜 30°范围内的尺寸数字的注写

图 1-22　机械图尺寸数字注写方法

机械图中的角度数字一律写成水平方向，一般注写在如图 1-23（a）所示的尺寸线的中断处，必要时也可以按图 1-23（b）所示的形式进行标注。

机械图中的尺寸数字不可被任何图线所通过，否则应将该图线断开，如图 1-24 所示。

机械图中标注尺寸的符号及缩写词应符合表 1-7 的规定，表中符号的线宽为 $h/10$（h 为字体高度）。标注示例参见图 1-25 所示。

图 1-23 角度注写方式

图 1-24 尺寸数字不可被任何图线所通过

表 1-7 标注尺寸的符号及缩写词

含 义	符号或缩写词	含 义	符号或缩写词	含 义	符号或缩写词
直径	ϕ	45°倒角	C	弧长	⌒
半径	R	正方形	□	斜度	∠
球直径	$S\phi$	深度	↧	均布	EQS
球半径	SR	沉孔或锪平	⊔	锥度	◁
厚度	t	埋头孔	∨	展开长	⌒↱

图 1-25　机械图尺寸符号及缩写词标注示例

1.2　机械设计 CAD 绘图计算机硬件和软件配置 ◀◀◀

机械设计 CAD 绘图，需要有相关的电脑设施（即硬件配置要求），并安装相应的操作系统与 CAD 绘图软件（即软件配置要求），二者都是机械设计 CAD 绘图的工具，缺一不可。

1.2.1　机械设计 CAD 绘图相关计算机设备

由于计算机软件功能越来越多，程序也越来越复杂，对计算机性能要求也就越来越高。为了实现软件运行快速流畅，需要完成的第一项任务是确保计算机满足 CAD 绘图软件运行所需要的最低系统配置要求；如果计算机系统不满足这些要求，则在 AutoCAD 使用中可能会出现一些问题，例如出现无法安装或使用起来都十分缓慢费时，甚至经常死机等现象。

若需安装 AutoCAD 2010 以上版本，建议最好采用如表 1-8 配置的计算机，以便获得更为快速的绘图操作效果。当然，若达不到以下计算机配置要求，其实也可以安装使用，只是运行速度可能较慢，操作需要一点耐心就行。一般而言，目前的个人计算机都可以满足安装和使用要求。安装过程中会自动检测 Windows 操作系统是 32 位（32bit）还是 64 位（64bit）版本。然后安装适当版本的 AutoCAD。不能在 32 位系统上安装 64 位版本的 AutoCAD，反之亦然。

表 1-8　32 位计算机硬件和软件要求配置（可以运行最新版本）

硬件类型	计算机相关配置参考要求
CPU 类型	Windows XP-Intel® Pentium® 4 或 AMD Athlon™ Dual Core，1.6 GHz 或更高
	Windows Vista 或 Windows 7-Intel Pentium 4 或 AMD Athlon Dual Core，3.0 GHz 或更高英特尔（Intel）酷睿四核处理器
内存（RAM）	2 GB RAM 或更高
显示分辨率	1024×768 真彩色或更高
硬盘	500GB 或更多（安装 AutoCAD 软件所需的空间约 2GB）
定点设备	MS-Mouse 兼容 鼠标
浏览器	Internet Explorer® 7.0 或更高版本
三维建模其他要求（备选）	Intel Pentium 4 或 AMD Athlon 处理器，3.0 GHz 或更高；或者 Intel 酷睿处理器或 AMD Dual Core 处理器，2.0 GHz 或更高
	2 GB RAM 或更大
	500 GB 可用硬盘空间（不包括安装）
	1280×1024 32 位彩色视频显示适配器（真彩色），具有 1GB 或更大显存，采用 Pixel Shader 3.0 或更高版本，且支持 Direct3D® 的工作站级图形卡

其他相关硬件设施的配置，根据各自情况确定，如打印机、扫描仪、数码相机刻录机等备选设备。

1.2.2 机械设计 CAD 绘图相关软件

（1）推荐 CAD 绘图软件

AutoCAD 最新版本是 AutoCAD2014，现在几乎是每年更新一个版本，目前版本是按年号序号标识，如 AutoCAD2004、2008、2012、2014 等，图 1-26 所示为 AutoCAD 不同版本。

（a）AutoCAD 2004 版本　　　　　　　（b）AutoCAD 2011 版本

图 1-26　AutoCAD 不同版本

从 AutoCAD 2010 以后的版本，一般分为 32 位（32bit）和 64 位（64bit）版本两种类型。安装过程中会自动检测 Windows 操作系统是 32 位还是 64 位版本，然后安装适当版本的 AutoCAD。不能在 32 位系统上安装 64 位版本的 AutoCAD，反之亦然。

（2）推荐计算机操作系统

建议采用以下操作系统的 Service Pack（SP3、SP2、SP1）或更高版本：

Microsoft® Windows® XP、Windows Vista®、Windows 7、Windows 8

AutoCAD 的版本越高，对操作系统和计算机的硬件配置要求也越高。采用高版本操作系统，不仅其操作使用简洁明了，而且运行 AutoCAD 速度也会相对加快，操作起来更为流畅。建议采用较高版本的 AutoCAD 与 Windows 操作系统，二者位数版本要一致。

安装了 AutoCAD 以后，单击其快捷图标将进入 AutoCAD 绘图环境。其提供的操作界面非常友好，与 Windows XP、Windows Vista、Windows 7、Windows 8 风格一致，功能也更强大。

1.3 AutoCAD 软件安装方法简述 <<<

1.3.1 AutoCAD 软件简介

AutoCAD，即 Auto Computer Aided Design 英语第一个字母的简称，是美国 Autodesk（欧特克）有限公司（简称"欧特克"或"Autodesk"）的通用计算机辅助设计软件。其在机械、电子、航天、船舶、轻工业、化工、石油和地质等诸多工程领域已得到广泛的应用。AutoCAD 是一个施工一体化、功能丰富、面向未来的世界领先设计软件，为全球工程领域的专业设计师们创立更加高效和富有灵活性以及互联性的新一代设计标准，标志着工程设计师们共享设计信息资源的传统方式有了重大突破，AutoCAD 已完成向互联网应用体系的全面升级，也极大地提高了工程设计效率与设计水平。

AutoCAD 的第一个版本——AutoCAD R1.0 版本是 1982 年 12 月发布的，至今已进行了多次更新换代，到现在最新版本 AutoCAD2013、AutoCAD2014 等版本，其版本是按年编号，几乎每年推出新版本，版本更新发展迅速。其中比较经典的几个版本是 AutoCAD R12、AutoCAD R14、AutoCAD2000、AutoCAD2004、AutoCAD 2010，AutoCAD 2012，这几个经典版本每次功能都有较为显著的变化，可以看作是不同阶段的里程碑，如图 1-27 所示。若要随时获得有关 Autodesk 公司及其软件产品的具体信息，可以访问其英文网站（http://usa.autodesk.com）或访问其中文网站（http://www.autodesk.com.cn）。AutoCAD 持续改进，不断创新，从二维绘图、工作效率、可用性、自动化、三维设计、三维模型出图等各方面推陈出新，不断进步，已经从当初的简单绘图平台发展成为了综合的设计平台。

（a）R14 版本

（b）2010 版本

图 1-27　AutoCAD 经典版本

相比其他版本，2012 年 5 月发布的 AutoCAD 2013 版本（见图 1-28）系列产品提供了多种全新的功能和高效设计工具，帮助用户显著提升草图绘制、详细设计和设计修订的速度，该版本软件新增的主要功能如下。

（a）2013 版本

（b）2014 版本

图 1-28　AutoCAD 最新版本

AutoCAD 2013 在多个方面进行了改进，其中最主要的改进在于模型出图和点云支持。模型出图功能使用户可以把他们在 AutoCAD、Inventor 及其他主流三维 CAD 软件中创建的三维模型用 AutoCAD 方便地创建三视图、轴测图和剖面图等加工图/施工图。点云支持的改进增加了更多的主流点云文件格式，支持强度着色和裁剪。在 AutoCAD 2013 中客户还可以访问 Apps Store，在其中可以获取世界各地的二次开发商提供的灵活精巧的工具插件。在 AutoCAD 中，用户可以很便捷地访问 Autodesk 360 云服务，运用这些服务储存、分享设计数据，在云服务中渲染模型，通过云服务同步软件配置等。AutoCAD 2013 也在用户界面、反感模型探索等其他多个方面有所改进。

2013 年发布的 AutoCAD 2014 版本（见图 1-28），具有强大的关联设计工具，具备创建逼真的三维设计、加速文档编制、通过云进行连接，从而实现设计协作以及从移动设备访问它们。通过实时地图和强大的全新实景捕捉功能，AutoCAD 可将设计理念与周围世界紧密连接在一起。AutoCAD 2014 新特性主要包括如下内容。

（1）连接功能

AutoCAD 2014 连接新功能包括设计提要、Inventor 文件输入、使用内置的 Facebook 和 Twitter 连接社交媒体共享、Autodesk 360 连接同步文件和自定义设置、支持 PDF、通过 Web 或移动设备保持联系、通过基于 AutoCAD 的应用程序转换 DWG 文件、使用 DWG 保存和共享 CAD 文件、将 AutoCAD 模型发送到 3D 打印机等。图 1-29 示意部分连接新功能。

（a）DWG 转换   （b）发送到 3D 打印机

（c）Inventor 文件输入   （d）支持 PDF

图 1-29 部分连接新功能

（2）自定义功能

AutoCAD 2014 自定义新功能包括 Autodesk Exchange Apps、支持 Windows 8、自定义和支持文件同步、为专用应用程序进行 UI 编程、可自定义的和可扩展的功能区 UI、开发支持、动作记录器自动执行重复性任务（无需 CAD 管理员即可自动重复任务）等。图 1-30 示意部分自定义新功能。

（3）设计功能

AutoCAD 2014 设计新功能包括实时地图（将您的设计与真实世界环境联系在一起）、实景捕获（附着点云投影或扫描文件）、曲面曲线提取、上下文相关按住并拖动（拉伸和偏移曲线）、Autodesk SketchBook Designer for AutoCAD、3D 自由形状设计工具、引导性 3D 工作空间、曲面分析、画布内视口控件（更改视口设置、视图、视觉样式）、3D 关联阵列、编辑 UCS 图标、Autodesk Inventor Fusion 等。图 1-31 示意部分设计新功能。

（a）动作记录器

（b）支持 Windows 8

图 1-30　部分自定义新功能

（a）实时地图　　　　　　　　　　　　　　（b）3D 自由形状设计

（c）3D 关联阵列　　　　　　　　　　　　　（d）编辑 UCS 图标

图 1-31　部分设计新功能

（4）文档功能

AutoCAD 2014 文档新功能包括智能命令行、文件选项（在打开的图形之间快速切换）、截面视图和详图视图（访问用于创建截面视图和详图视图的工具）、带有删除线的文字、特性编辑预览、Autodesk Content Explorer、文档工具（输入模型，生成智能文档）、关联阵列功能（保持阵列对象之间的关系）、过渡工具、复制阵列、删除重复对象、多功能夹点、Autodesk Exchange for AutoCAD、通过参数化图形缩短设计修订时间、填充和渐变色增强功能、对象和图层透明度、样条曲线更新、注释缩放（创建一个自动调整尺寸的对象）、组织图纸集合、创建和编辑多重引线等。图 1-32 示意部分文档新功能。

（a）文件选项　　　　　　　　　　（b）带有删除线的文字

（c）删除重复对象　　　　　　　　（d）多功能夹点

（e）填充和渐变色增强功能　　　　（f）对象和图层透明度

（g）注释缩放　　　　　　　　　　（h）创建和编辑多重引线

图 1-32　部分文档新功能

1.3.2　AutoCAD 快速安装方法

　　本节结合 AutoCAD 2013 版本为例介绍其快速安装方法（其他版本如 AutoCAD 2014、AutoCAD 2012 等版本的安装方法与此类似，参考 AutoCAD 2013 安装过程即可）。软件光盘插入到计算机的光盘驱动器中。在文件夹中，单击其中的安装图标"setup.exe"或"install.exe"即开始进行安装。将出现安装初始化提示，然后进入安装，如图 1-33 所示。

① 单击"安装（在此计算机上安装）"，在 AutoCAD 安装中，要求计算机安装".NET Framework4.0"，选择要安装更新该产品。然后选择您所在国家/地区，选择接受许可协议中"我接受（A）"，单击"下一步"。用户必须接受协议才能继续安装。注意如果不同意许可协议的条款并希望终止安装，请单击"取消"。如图 1-34 所示。

图 1-33　安装初始化后进入安装　　　　　　　图 1-34　安装过程选择

② 在弹出"用户和信息产品"页面上，输入用户信息、序列号和产品密钥等。从对话框底部的链接中查看"隐私保护政策"。查看完后，单击"下一步"。注意在此处输入的信息是永久性的，显示在计算机上的"帮助"菜单中。由于以后无法更改此信息（除非卸载产品），因此请确保输入的信息正确无误。

③ 选择语言或接受默认语言为中文。进入开始安装提示页，若不修改，按系统默认典型安装，一般安装在系统 C:\盘。如图 1-35 所示。若修改，单击"配置"更改相应配置（例如安装类型、安装可选工具或更改安装路径），然后按提示单击"配置完成"返回安装页面。单击"安装"开始安装 AutoCAD。

图 1-35　安装提示

④ 安装进行中，系统自动安装所需要的文件（产品），时间可能稍长，安装速度与计算机硬件配置水平有关系。如图 1-36 所示。

⑤ 安装完成后，启动 AutoCAD 将弹出"产品许可激活"。输入激活码后，完成安装，就可以使用。否则是试用版本，有 30 天时间限制（30 days trial）。如图 1-37 所示。

图 1-36　安装进行中

图 1-37　安装激活提示

⑥ 输入激活码后，其他一些信息根据需要填写，也可以忽略不理，单击完成即可。如图 1-38 所示。

⑦ 单击"完成"，AutoCAD 软件完成安装，可以使用该软件进行绘图操作。可以通过下列方式启动 AutoCAD。

a. 单击 AutoCAD 桌面快捷方式图标。安装 AutoCAD 时，将在桌面上放置一个 AutoCAD 快捷方式图标（除非用户在安装过程中清除了该选项）。双击 AutoCAD 图标可启动该程序，如图 1-39 所示。

b. "开始"菜单。例如，在"开始"菜单（Windows XP）上依次单击"程序"（或"所有程序"[Windows Vista]）→Autodesk→AutoCAD。

c. 在 AutoCAD 的安装位置文件夹内，单击 "acad"图标。

图 1-38　激活产品成功

（a）AutoCAD 启动图标

（b）AutoCAD 软件启动加载中

图 1-39　启动使用 AutoCAD 软件

第**2**章

机械设计 CAD 绘图基本使用方法

本章主要介绍机械设计 AutoCAD 绘图操作界面布局、相关操作功能分布区域、相关基本系统参数设置；文件新建立、已有文件打开、文件存储和关闭等各种基本操作（注：将以 AutoCAD 2013 版本为例进行操作，AutoCAD 201⑥2～AutoCAD 2014 等各个版本基本操作与此基本相同或类似）。学习使用 CAD 进行机械设计绘图和文件制作，得从其基本使用方法起步，逐步深入，很快就会上手。

2.1 AutoCAD 使用快速入门起步

AutoCAD 新版的操作界面风格与 Window 系统和 OFFICE 等软件基本一致，使用更为直观方便，比较符合人体视觉要求。熟悉其绘图环境和掌握基本操作方法，是学习使用 AutoCAD 的基础。

2.1.1 进入 AutoCAD 绘图操作界面

安装了 AutoCAD 以后，单击其快捷图标即可进入 AutoCAD 绘图操作界面，进入的 AutoCAD 初始界面在新版本中是默认的"草图与注释"绘图空间模式及"欢迎"对话框，如图 2-1 所示。AutoCAD 提供的操作界面非常友好，与 Windows 风格一致，功能也更强大。初次启动 CAD 时可以使用系统默认的相关参数即可。该模式界面操作区域显示默认状态为黑色，可以将其修改为白色等其他颜色界面（具体修改方法参见后面相关详细论述）。

进入的 AutoCAD 初始界面在新版本中是默认的"草图与注释"绘图空间模式，与以传统版本的布局样式有所不同，对以前的使用者可能有点不习惯；可以点击左上角或右下角"切换工作空间"按钮，在弹出的菜单中选择"AutoCAD 经典"模式，即可得到与以前版本一样的操作界面，如图 2-2 所示。工作空间是由分组组织的菜单、工具栏、选项板和功能区控制面板组成的集合，使用户可以在专门的、面向任务的绘图环境中工作；使用工作空间时，只会显示与任务相关的菜单、工具栏和选项板（注：箭头"⸺⸺▷"表示操作前后顺序，以后表述同此）。

（a）草图与注释操作界面

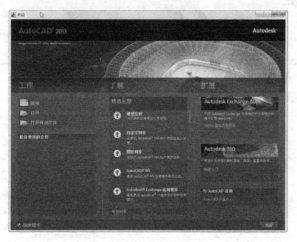

（b）欢迎对话框

图 2-1 CAD 操作界面（AutoCAD2013 版本）

图 2-2 "切换工作空间"操作界面

为便于学习和与前面各种版本衔接，本书还是采用"AutoCAD 经典"模式进行论述，掌握了这种基本模式，其他各种模式操作是类似的，很容易掌握使用。图 2-3 所示为 AutoCAD

经典绘图模式，该模式操作区域界面显示默认状态为黑色，为清晰起见，改为白色界面（具体修改方法参见后面相关详细论述）。其中的网格可以点击最下一栏相应中间位置的"网格显示"工具即可开启、关闭不显示网格（或按 F7 键即可）。

图 2-3　CAD 绘图操作界面布局（AutoCAD 经典）

若操作界面上出现的一些默认工具面板，一时还使用不到，可以先将其逐一关闭。若需使用，再通过"工具"下拉菜单中的"选项板"将其打开即可。如图 2-4 所示。

图 2-4　关闭、启动工具面板方法

2.1.2　AutoCAD 绘图环境基本设置

（1）操作区域背景显示颜色设置

点击"工具"下拉菜单，选择其中的"选项"，在弹出的"选项"对话框中，点击"显示"栏，再点击"颜色"按钮，弹出的"图形窗口颜色"对话框中即可设置操作区域背景显示颜色，点击"应用并关闭"按钮返回前一对话框，最后点击"确定"按钮即可完成设置。如图 2-5 和图 2-6 所示。背景颜色根据个人绘图习惯设置，一般为白色或黑色。

图 2-5　背景颜色设置方法

图 2-6　设置不同操作区域背景颜色

（2）自动保存和备份文件设置

AutoCAD 提供了图形文件自动保存和备份功能（即创建备份副本），这有助于确保图形数据的安全，出现问题时，用户可以恢复图形备份文件。

备份文件设置方法是，在"选项"对话框的"打开和保存"选项卡中，可以指定在保存图形时创建备份文件。执行此操作后，每次保存图形时，图形的早期版本将保存为具有相同名称并带有扩展名.bak 的文件，该备份文件与图形文件位于同一个文件夹中。通过将 Windows 资源管理器中的.bak 文件重命名为带有 .dwg 扩展名的文件，可以恢复为备份版本。如图 2-7 所示。

自动保存即是以指定的时间间隔自动保存当前操作图形。启用了"自动保存"选项，将以指定的时间间隔保存图形。默认情况下，系统为自动保存的文件临时指定名称为"filename_a_b_nnnn.sv\$"。

其中，filename 为当前图形名，a 为在同一工作任务中打开同一图形实例的次数，b 为在不同工作任务中打开同一图形实例的次数，nnnn 为随机数字。这些临时文件在图形正常关闭时自动删除。出现程序故障或电压故障时，不会删除这些文件。要从自动保存的文件恢复图形的早期版本，请通过使用扩展名*.dwg 代替扩展名 *.sv\$ 来重命名文件，然后再关闭程序。自动保存的类似信息显示：

命令:
自动保存到 C:\Documents and Settings\Administrator\local settings\temp\Drawing1_1_1_9192.sv$ ...

图 2-7　自动保存和备份文件设置

（3）图形文件密码设置

图形文件密码设置，是向图形添加密码并保存图形后，只有输入密码，才能打开图形文件。注意密码设置只适用于当前图形。

依次单击工具下拉菜单选择"选项"。在"选项"对话框的"打开和保存"选项卡中，单击"安全选项"。在"安全选项"对话框的"密码"选项卡中，输入密码，然后单击"确定"。接着在"确认密码"对话框中，输入使用的密码再单击"确定"。保存图形文件后，密码生效。如图 2-8 所示。

要打开使用该图形文件，需输入密码，如图 2-8 右图所示。如果密码丢失，将无法重新获得图形文件和密码，因此在向图形添加密码之前，应该创建一个不带密码保护的备份。

图 2-8　图形文件加密和使用

（4）图形单位设置

开始绘图前，必须基于要绘制的图形确定一个图形单位代表的实际大小，创建的所有对象都是根据图形单位进行测量的。然后据此约定创建实际大小的图形。例如，一个图形单位的距离通常表示实际单位的 1mm（毫米）、1cm（厘米）、1in（英寸）或 1ft（英尺）。

图形单位设置方法是单击"格式"下拉菜单选择"单位"。在弹出的"图形单位"对话框即可进行设置长度、角度和插入比例等相关单位和精度数值，如图 2-9 所示，其中：

① 长度的类型一般设置为小数，长度精度数值为 0。设置测量单位的当前格式。该值包

括"建筑"、"小数"、"工程"、"分数"和"科学"。其中,"工程"和"建筑"格式提供英尺和英寸显示并假定每个图形单位表示 1 英寸,其他格式可表示任何真实世界单位,如 m(米)、mm(毫米)等。

图 2-9　图形单位设置

② 角度的类型一般采用十进制度数,也可以采用其他类型。十进制度数以十进制数表示,百分度附带一个小写 g 后缀,弧度附带一个小写 r 后缀。度/分/秒格式用(°）表示度,用(')表示分,用(")表示秒。以顺时针方向计算正的角度值,默认的正角度方向是逆时针方向。当提示用户输入角度时,可以点击所需方向或输入角度,而不必考虑"顺时针"设置。

③ 插入比例是控制插入到当前图形中的块和图形的测量单位。如果块或图形创建时使用的单位与该选项指定的单位不同,则在插入这些块或图形时,将对其按比例缩放。插入比例是源块或图形使用的单位与目标图形使用的单位之比。如果插入块时不按指定单位缩放,则选择"无单位"。

④ 光源是用于指定光源强度的单位,不常用,可以使用默认值即可。

⑤ 方向控制。主要是设置零角度的方向作为基准角度。

(5) 不同图形单位转换

如果按某一度量衡系统(英制或公制)创建图形,然后希望转换到另一系统,则需要使用"SCALE"功能命令按适当的转换系数缩放模型几何体,以获得准确的距离和标注。

例如,要将创建的图形的单位从 in(英寸)转换为 cm(厘米),可以按 2.54 的因子缩放模型几何体。要将图形单位从厘米转换为英寸,则比例因子为 1/2.54 或大约 0.3937。

(6) 图形界限设置

图形界限设置实质是指设置并控制栅格显示的界限,并非设置绘图区域边界。一般地,AutoCAD 的绘图区域是无限的,可以任意绘制图形,不受边界的约束。

图形界限设置方法是单击"格式"下拉菜单选择"图形界限",或在命令提示下输入 limits。然后指定界限的左下角点和右上角点即完成设置。该图形界限具体仅是一个图形辅助绘图点阵显示范围,如图 2-10 所示。

(7) 控制主栅格线的频率

栅格是点或线的矩阵,遍布指定为栅格界限的整个区域。使用栅格类似于在图形下放置一张坐标纸。利用栅格可以对齐对象并直观显示对象之间的距离,可以将栅格显示为点矩阵或线矩阵。对于所有视觉样式，栅格均显示为线，仅在当前视觉样式设定为"二维线框"时栅格才显示为点。默认情况下，在二维和三维环境中工作时都会显示线栅格。打印图纸时不打印栅格。如果栅格以线而非点显示，则颜色较深的线（称为主栅格线）将间隔显示。在以小数单位或英尺和英寸绘图时，主栅格线对于快速测量距离尤其有用。可以在"草图设置"对话框中控制主栅格线的频率，如图 2-11 所示。

图 2-10　图形界限设置　　　　　　　图 2-11　主栅格线的频率

要关闭主栅格线的显示，可将主栅格线的频率设定为 1。

（8）文件自动保存格式设置

在对图形进行处理时，应当经常进行保存。图形文件的文件扩展名为 .dwg，除非更改保存图形文件所使用的默认文件格式，否则将使用最新的图形文件格式保存图形。AutoCAD 默认文件格式是"AutoCAD 2010 图形（*.dwg）"，这个格式版本较高，若使用低于 AutoCAD 2010 版本的软件如 AutoCAD 2004 版本，图形文件不能打开。因此可以将图形文件设置为稍低版本格式，如"AutoCAD 2000 图形（*.dwg）"。

具体设置方法是：单击"格式"下拉菜单选择"选项"命令，在弹出的"选项"对话框的"打开和保存"栏，对其中"文件保存"下方"另存为"进行选择即可设置为不同的格式，然后点击"确定"按钮，AutoCAD 图形保存默认文件格式将改变为所设置的格式。如图 2-12 所示。

图 2-12　图形保存格式设置

（9）绘图比例设置

在进行 CAD 绘图时，一般是按 1∶1 进行绘制，即实际尺寸是多少，绘图绘制为多少，例如，轴距为 6000mm，在绘图时绘制 6000，如图 2-13 所示。所需绘图比例通过打印输出时，在打印比例设定所需要的比例大小，详细内容参考后面打印输出相关章节。对于详图或节点大样图，可以先将其放大相同的倍数后再进行绘制，例如细部为 6mm，在绘图时可以放大 10 倍，绘制为 60mm，然后在打印时按相应比例控制输出即可，详细内容参考后面打印输出相关章节。

图 2-13　可按实际尺寸绘图

（10）当前文字样式设置

在图形中输入文字时，当前的文字样式决定输入文字的字体、字号、角度、方向和其他文字特征，图形中的所有文字都具有与之相关联的文字样式。输入文字时，程序将使用当前文字样式。当前文字样式用于设置字体、字号、倾斜角度、方向和其他文字特征。如果要使用其他文字样式来创建文字，可以将其他文字样式置于当前。

设置方法是单击"格式"下拉菜单选择"文字样式"命令，在弹出"文字样式"对话框中进行设置，包括样式、字体、字高等，然后点击"置为当前"按钮，再依次点击"应用"、"关闭"按钮即可。如图 2-14 所示。

图 2-14　文字样式设置

（11）当前标注样式设置

标注样式是标注设置的命名集合，可用来控制标注的外观，如箭头样式、文字位置和尺寸公差等。可以通过更改设置控制标注的外观，同时为了便于使用、维护标注标准，可以将这些设置存储在标注样式中。在进行尺寸标注时，所标注将使用当前标注样式中的设置；如果要修改标注样式中的设置，则图形中的所有标注将自动使用更新后的样式。

设置方法是：单击"格式"下拉菜单选择"标注样式"命令，在弹出"标注样式"对话框中点击"修改"按钮弹出"修改标注样式"进行设置，依次点击相应的栏，包括线、符号和箭头、文字、主单位等，根据图幅大小设置合适的数值，然后点击"确定"按钮返回上一窗口，再依次点击"置为当前"、"关闭"按钮即可。如图 2-15 所示。

图 2-15　标注样式依次设置

若调整修改后标注等显示效果不合适，重复上述操作，继续修改调整其中的数据参数，直至合适为止，如图 2-16 所示。

图 2-16　不同标注样式显示效果

（12）绘图捕捉设置

使用对象捕捉可指定对象上的精确位置。例如，使用对象捕捉可以绘制到圆心或多段线中点的直线。不论何时提示输入点，都可以指定对象捕捉。默认情况下，当光标移到对象的对象捕捉位置时，将显示标记和工具提示，如图 2-17 所示。

绘图捕捉设置方法如下。

① 依次单击工具（T）菜单、草图设置（F）；在"草图设置"对话框中的"对象捕捉"选项卡上，选择要使用的对象捕捉；最后单击"确定"即可。

（a）捕捉位置显示 　　　　　　　　　　（b）捕捉对象显示

图 2-17　捕捉显示示意

② 也可以在屏幕下侧点击"对象捕捉"按钮，再在弹出的快捷菜单中选择设置。如图 2-18 所示。

图 2-18　捕捉设置

（13）线宽设置

线宽是指定给图形对象以及某些类型的文字的宽度值。使用线宽，可以用粗线和细线清楚地表现出各种不同线条，以及细节上的不同，也通过为不同的图层指定不同的线宽，可以轻松得到不同的图形线条效果。一般情况下，需要选择了状态栏上的"显示/隐藏线宽"按钮进行开启，否则一般在屏幕上将不显示线宽。

线宽设置方法是：单击"格式"下拉菜单选择"线宽"命令，在弹出"线宽设置"对话框中通过相关按钮进行设置，如图 2-19 所示。若勾取"显示线宽"选项后，屏幕将显示线条宽度，包括各种相关线条，如图 2-20 所示。具有线宽的对象将以指定线宽值的精确宽度打印。

图 2-19　线宽设置

图 2-20　各种线条都显示线宽

需要说明的是，在模型空间中，线宽以像素为单位显示，并且在缩放时不发生变化。因此，在模型空间中精确表示对象的宽度时不应该使用线宽。例如，如果要绘制一个实际宽度为 0.5 mm 的对象，不能使用线宽，而应用宽度为 0.5 mm 的多段线表示对象。

指定图层线宽的方法是：依次单击"工具"下拉菜单选择"选项板"，然后选择"图层"面板，弹出图层特性管理器，单击与该图层关联的线宽；在"线宽"对话框的列表中选择线宽；最后单击"确定"关闭各个对话框。如图 2-21 所示。

图 2-21　指定图层线宽

（14）坐标系可见性和位置设置

屏幕中的坐标系可以显示或关闭不显示。打开或关闭 UCS 图标显示的方法是依次单击视图（V）→显示（L）→UCS 图标（U）→开（O），复选标记指示图标是开还是关。

UCS 坐标系一般将在 UCS 原点或当前视口的左下角显示 UCS 图标，要在这两者之间位置进行切换，可以通过依次单击"视图→显示 UCS 坐标→原点"即可切换。如果图标显示在当前 UCS 的原点处，则图标中有一个加号（+）。如果图标显示在视口的左下角，则图标中没有加号。如图 2-22 所示。

图 2-22　坐标系显示位置设置

2.2 AutoCAD 绘图文件操作基本方法

2.2.1 建立新 CAD 图形文件

启动 AutoCAD 后，可以通过如下几种方式创建一个新的 AutoCAD 图形文件。

■ "文件"下拉菜单：选择"文件"下拉菜单的"新建"命令选项。

■ 在"命令："命令行下输入 NEW（或 new）或 N（或 n），不区分大小写。

■ 使用标准工具栏：单击左上"新建"或标准工具栏中的"新建"命令图标按钮。

■ 直接使用"Ctrl+N"快捷键。

执行上述操作后，将弹出"选择样板"对话框，可以选取"acad"文件或使用默认样板文件直接点击"打开"按钮即可。如图 2-23 所示。

图 2-23　建立新图形文件

2.2.2 打开已有 CAD 图形

启动 AutoCAD 后，可以通过如下几种方式打开一个已有的 AutoCAD 图形文件。

■ 打开"文件"下拉菜单，选择"打开"命令选项。

■ 使用标准工具栏：单击标准工具栏中的"打开"命令图标。

■ 在"命令："命令行下输入 OPEN 或 open。

■ 直接使用"Ctrl+O"快捷键。

执行上述操作后，将弹出"选择文件"对话框，在"查找范围"中点击选取文件所在位置，然后选中要打开的图形文件，最后点击"打开"按钮即可。如图 2-24 所示。

图 2-24　打开已有图形

2.2.3 保存 CAD 图形

启动 AutoCAD 后，可以通过如下几种方式保存绘制好的 AutoCAD 图形文件。

- 点击"文件"下拉菜单选择其中的"保存"命令选项。
- 使用标准工具栏：单击标准工具栏中的【保存】命令图标。
- 在"命令:"命令行下输入 SAVE 或 save。
- 直接使用"Ctrl+S"快捷键。

执行上述操作后，将弹出的"图形另存为"对话框中，在"保存于"中单击选取要保存文件位置，然后输入图形文件名称，最后单击"保存"按钮即可，如图 2-25 所示。对于非首次保存的图形，CAD 不再提示上述内容，而是直接保存图形。

图 2-25　保存图形

若以另外一个名字保存图形文件，可以通过单击"文件"下拉菜单的选择"另存为"命令选项。执行"另存为"命令后，AutoCAD 将弹出如图 2-25 所示对话框，操作与前述保存操作相同。

2.2.4 关闭 CAD 图形

启动 AutoCAD 后，可以通过如下几种方式的关闭图形文件。

- 在"文件"下拉菜单的选择"关闭"命令选项。
- 在"命令:"命令行下输入 CLOSE 或 close。
- 点击图形右上角的"×"，如图 2-26 所示。

执行"关闭"命令后，若该图形没有存盘，AutoCAD 将弹出警告"是否将改动保存到***.dwg？"，提醒需不需要保存图形文件。选择"是（Y）"，将保存当前图形并关闭它，选择"否（N）"将不保存图形直接关闭它，选择"取消（Cancel）"表示取消关闭当前图形的操作。如图 2-27 所示。

图 2-26　单击"×"关闭图形

图 2-27　AutoCAD 询问提示

2.2.5 退出 AutoCAD 软件

可以通过如下方法实现退出 AutoCAD：

- 从"文件"下拉菜单中选择"退出"命令选项。
- 在"命令："命令行下输入 EXIT 或 exit 后回车。
- 在"命令："命令行下输入 QUIT（退出）或 quit 后回车。
- 点击图形右上角最上边的"×"，如图 2-26 所示。

2.2.6 同时打开多个 CAD 图形文件

AutoCAD 支持同时打开多个图形文件，若需在不同图形文件窗口之间切换，可以打开"窗口"下拉菜单，选择需要打开的文件名称即可是，如图 2-28 所示。

图 2-28   不同图形文件窗口切换

2.3 常用 AutoCAD 绘图辅助控制功能 <<<

2.3.1 CAD 绘图动态输入控制

"动态输入"在光标附近提供了一个命令界面，以帮助用户专注于绘图区域。动态输入有 3 个组件：指针输入、标注输入和动态提示。打开动态输入时，工具提示将在光标旁边显示信息，该信息会随光标移动动态更新。当某命令处于活动状态时，工具提示将为用户提供输入的位置。在输入字段中输入值并按 TAB 键后，该字段将显示一个锁定图标，并且光标会受用户输入的值约束。随后可以在第二个输入字段中输入值。另外，如果用户输入值然后按"Enter"键，则第二个输入字段将被忽略，且该值将被视为直接距离输入，如图 2-29 所示。单击底部状态栏上的动态输入按钮图标以打开和关闭动态输入，也可以按下"F12"键可以临时关闭/启动动态输入。

对动态显示可以通过设置进行控制。在底部状态栏上的动态输入按钮图标上单击鼠标右键，然后单击"设置"以控制在启用"动态输入"时每个部件所显示的内容，可以设置指针输入、标注输入、动态提示等事项内容，如图 2-30 所示。

图 2-29　动态输入操作显示

（a）动态设置对话框

（b）标注输入动态显示

图 2-30　动态输入控制

2.3.2　正交模式控制

约束光标在水平方向或垂直方向移动。在正交模式下，光标移动限制在水平或垂直方向上（相对于当前 UCS 坐标系，将平行于 UCS 的 X 轴的方向定义为水平方向，将平行于 Y 轴的方向定义为垂直方向）。如图 2-31 所示。

图 2-31　正交模式控制

在绘图和编辑过程中，可以随时打开或关闭"正交"。输入坐标或指定对象捕捉时将忽略"正交"模式。要临时打开或关闭"正交"模式，应按住临时替代键 Shift（使用临时替代键时，无法使用直接距离输入方法）。要控制正交模式，单击底部状态栏上的"正交模式"按钮图标以启动和关闭正交模式，也可以按下"F8"键可以临时关闭/启动"正交模式"。

2.3.3　绘图对象捕捉追踪控制

对象捕捉追踪是指可以按照指定的角度或按照与其他对象的特定关系绘制对象，自动追踪包括两个追踪选项：极轴追踪和对象捕捉追踪。需要注意必须设置对象捕捉，才能从对象的捕捉点进行追踪。如图 2-32 所示。例如，在以下插图中，启用了"端点"对象捕捉：

① 单击直线的起点 a 开始绘制直线；

② 将光标移动到另一条直线的端点 b 处获取该点；

③ 然后沿水平对齐路径移动光标，定位要绘制的直线的端点 c。

可以通过点击底部状态栏上的"极轴"或"对象追踪"按钮打开或关闭自动追踪，也可以按下"F11"键可以临时关闭/启动"对象追踪"。

图 2-32　对象捕捉追踪控制

2.3.4　二维对象绘图捕捉方法（精确定位方法）

二维对象捕捉方式有端点、中点、圆心等多种，如图 2-33 所示，在绘制图形时一定要掌握，可以精确定位绘图位置。捕捉方式可以用于绘制图形时准确定位，使得所绘制图形快速定位于相应的位置点。

① 端点捕捉是指捕捉到圆弧、椭圆弧、直线、多行、多段线线段、样条曲线、面域或射线最近的端点，或捕捉宽线、实体或三维面域的最近角点。如图 2-34（a）所示。

图 2-33　二维对象绘图捕捉方式

② 中点捕捉是指捕捉到圆弧、椭圆、椭圆弧、直线、多行、多段线线段、面域、实体、样条曲线或参照线的中点。如图 2-34（b）所示。

③ 中心点捕捉是指捕捉到圆弧、圆、椭圆或椭圆弧的中心点。如图 2-34（c）所示。

（a）端点捕捉　　　　　　（b）中点捕捉　　　　　　（c）中心点捕捉

图 2-34　捕捉形式示意

④ 交点捕捉是指捕捉到圆弧、圆、椭圆、椭圆弧、直线、多行、多段线、射线、面域、样条曲线或参照线的交点。延伸捕捉当光标经过对象的端点时，显示临时延长线或圆弧，以便用户在延长线或圆弧上指定点。"延伸交点"不能用作执行对象捕捉模式。"交点"和"延伸交点"不能和三维实体的边或角点一起使用。外观交点捕捉是指不在同一平面但在当前视图中看起来可能相交的两个对象的视觉交点。"延伸外观交点"不能用作执行对象捕捉模式。"外观交点"和"延伸外观交点"不能和三维实体的边或角点一起使用。如图 2-35 所示。

⑤ 象限捕捉是指捕捉到圆弧、圆、椭圆或椭圆弧的象限点。如图 2-36 所示。

（a）延伸交点　　　　　　　　　　（b）交点

图 2-35　交点捕捉　　　　　　　　　　　　　　　图 2-36　象限捕捉

⑥ 垂足捕捉是指捕捉圆弧、圆、椭圆、椭圆弧、直线、多线、多段线、射线、面域、实体、样条曲线或构造线的垂足。如图 2-37 所示。

⑦ 当正在绘制的对象需要捕捉多个垂足时，将自动打开"递延垂足"捕捉模式。可以用直线、圆弧、圆、多段线、射线、参照线、多行或三维实体的边作为绘制垂直线的基础对象。可以用"递延垂足"在这些对象之间绘制垂直线。当靶框经过"递延垂足"捕捉点时，将显示 AutoSnap 工具提示和标记。

⑧ 切点捕捉是指捕捉到圆弧、圆、椭圆、椭圆弧或样条曲线的切点。当正在绘制的对象需要捕捉多个垂足时，将自动打开"递延垂足"捕捉模式。可以使用"递延切点"来绘制与圆弧、多段线圆弧或圆相切的直线或构造线。当靶框经过"递延切点"捕捉点时，将显示标记和 AutoSnap 工具提示。当用自选项结合"切点"捕捉模式来绘制除开始于圆弧或圆的直线以外的对象时，第一个绘制的点是与在绘图区域最后选定的点相关的圆弧或圆的切点。如图 2-38 所示。

⑨ 最近点捕捉是指捕捉到圆弧、圆、椭圆、椭圆弧、直线、多行、点、多段线、射线、样条曲线或参照线距离当前光标位置的最近点。如图 2-39 所示。

图 2-37　垂足捕捉　　　　　　图 2-38　切点捕捉　　　　　　图 2-39　最近点捕捉

2.3.5　控制重叠图形显示次序

重叠对象（例如文字、宽多段线和实体填充多边形）通常按其创建次序显示，新创建的对象显示在现有对象前面。可以使用DRAWORDER改变所有对象的绘图次序（显示和打印次序），使用TEXTTOFRONT可以更改图形中所有文字和标注的绘图次序。

依次单击图形对象，然后点击右键，弹出快捷菜单，选择绘图次序，根据需要选择"置于对象之上"和"置于对象之下"等相应选项。如图 2-40 所示。

图 2-40　控制图形显示次序

2.4　AutoCAD 绘图快速操作方法

2.4.1　全屏显示方法

"全屏显示"是指屏幕上仅显示菜单栏、"模型"选项卡和布局选项卡（位于图形底部）、状态栏和命令行。"全屏显示"按钮位于应用程序状态栏的右下角，使用鼠标直接点击该按钮图标即可实现开启或关闭"全屏显示"，或打开"视图"下拉菜单选择"全屏显示"即可。如图 2-41 所示。

（a）一般显示绘图环境

图 2-41

（b）全屏显示绘图环境

图 2-41 全屏显示

2.4.2 视图控制方法

视图控制只是对图形在屏幕上显示的位置进行改变控制，并不更改图形中对象的位置和大小等。可以通过以下方法移动或缩放视图。

- 缩放屏幕视图范围：前后转动鼠标中间的轮子即可；或者不选定任何对象，在绘图区域单击鼠标右键，在弹出的快捷菜单中选择"缩放"，然后拖动鼠标即可进行。如图 2-42 所示。

图 2-42 视图控制

- 平移屏幕视图范围：不选定任何对象，在绘图区域单击鼠标右键，在弹出的快捷菜单中选择"平移"，然后拖动鼠标即可进行。

■ 在"命令"输入"ZOOM 或 Z"（缩放视图）、"PAN 或 P"（平移视图）。

■ 点击"标准"工具栏上的"实时缩放"或"实时平移"按钮，也可以点击底部状态栏上的"缩放"、"平移"，即图标 🔄 🔍。

要随时停止平移视图或缩放视图，请按 Enter 键或 Esc 键。

2.4.3 键盘 F1～F12 功能键使用方法

AutoCAD 系统设置了键盘上的 F1～F12 功能键，其各自功能作用如下。

① F1 键：按下"F1"键，AutoCAD 提供帮助窗口，可以查询功能命令、操作指南等帮助说明文字，如图 2-43 所示。

② F2 键：按下"F2"键，AutoCAD 弹出显示命令文本窗口，可以查看操作命令历史记录过程，如图 2-44 所示。

图 2-43　F1 键提供帮助功能

图 2-44　F2 键显示命令文本窗口

③ F3 键：开启、关闭对象捕捉功能。按下"F3"键，AutoCAD 控制绘图对象捕捉进行切换，再按一下 F3，关闭对象捕捉功能，再按一下，启动对象捕捉功能，如图 2-45 所示。

④ F4 键：开启、关闭三维对象捕捉功能，如图 2-46 所示。

图 2-45　F3 键控制对象捕捉功能

图 2-46　F4 键控制三维对象捕捉功能

⑤ F5 键：按下"F5"键，AutoCAD 提供切换等轴测平面不同视图，包括等轴测平面俯视、等轴测平面右视、等轴测平面左视。在绘制等轴测图时使用。如图 2-47 所示。

⑥ F6 键：按下"F6"键，AutoCAD 控制开启或关闭动态 UCS 坐标系。在绘制三维图形使用 UCS 用。

- 左平面，捕捉和栅格沿90°和150°轴对齐
- 上平面，捕捉和栅格沿30°和150°轴对齐
- 右平面，捕捉和栅格沿30°和90°轴对齐

图 2-47　F5 键切换等轴测平面不同视图

⑦ F7 键：按下"F7"键，AutoCAD 控制显示或隐藏格栅线，如图 2-48 所示。

图 2-48　F7 键显示或隐藏格栅线

⑧ F8 键：按下"F8"键，AutoCAD 控制绘图时图形线条是否为水平/垂直方向或倾斜方向，称为正交模式控制，如图 2-49 所示。

图 2-49　F8 键控制线条水平/垂直或倾斜方向

⑨ F9 键：按下"F9"键，AutoCAD 控制绘图时通过指定栅格距离大小设置进行捕捉。与 F3 键不同，F9 控制捕捉位置是不可见矩形栅格距离位置，以限制光标仅在指定的 X 和 Y

间隔内移动。打开或关闭此种捕捉模式，可以通过单击状态栏上的"捕捉模式"、按 F9 键，或使用 SNAPMODE 系统变量，来打开或关闭捕捉模式。如图 2-50 所示。

图 2-50 F9 键控制格栅捕捉

⑩ F10：按下"F10"键，AutoCAD 控制开启或关闭极轴追踪模式（极轴追踪是指光标将按指定的极轴距离增量进行移动），如图 2-51 所示。

图 2-51 F10 键控制功能

⑪ F11：按下"F11"键，AutoCAD 控制开启或关闭对象捕捉追踪模式，如图 2-52 所示。

图 2-52 F11 键控制对象捕捉追踪模式

⑫ F12：按下"F12"键，AutoCAD 控制开启或关闭动态输入模式，如图 2-53 所示。

(a) 关闭动态输入   (b) 开启动态输入

图 2-53 F12 键控制功能

2.4.4 AutoCAD 功能命令别名（简写或缩写形式）

AutoCAD 软件绘图的各种功能命令是使用英语单词形式，即使是 AutoCAD 中文版也是如此，不能使用中文命令进行输入操作。例如，绘制直线的功能命令是"line"，输入的命令是"line"，不能使用中文"直线"作为命令输入。

另外，AutoCAD 软件绘图的各种功能命令不区分大小写，功能相同，在输入功能命令时可以使用大写字母，也可以使用小写字母。例如,输入绘制直线的功能命令时，可以使用"LINE"，也可以使用"line"，输入形式如下：

命令：LINE

或：

命令：line

AutoCAD 软件提供多种方式启动各种功能命令。一般可以通过以下三种方式执行相应的功能命令。

- 打开下拉菜单选择相应的功能命令选项。
- 单击相应工具栏上的相应功能命令图标。
- 在"命令:"命令行提示下直接输入相应功能命令的英文字母（注：不能使用中文汉字作为命令输入）。

命令别名是在命令提示下代替整个命令名而输入的缩写或简写。例如，可以输入"C"代替"CIRCLE"来启动 Circle 命令。别名与键盘快捷键不同，快捷键是多个按键的组合，例如SAVE的快捷键是 Ctrl+S。

具体地说，在使用 AutoCAD 软件绘图的各种功能命令时，部分绘图和编辑等功能命令可以使用其缩写形式代替，二者作用完全相同。例如，绘制直线的功能命令"line"，其缩写形式为"1"，在输入可以使用"LINE"或"line"，也可以使用"L"或"1"，它们作用完全相同。

AutoCAD 软件常用的绘图和编辑功能命令别名（缩写形式）主要有如表 2-1 所列。

表 2-1   AutoCAD 软件常用的绘图和编辑功能命令别名（缩写形式）

序号	功能命令全称	命令缩写形式	功能作用
1	ALIGN	AL	在二维和三维空间中将对象与其他对象对齐
2	ARC	A	创建圆弧

序号	功能命令全称	命令缩写形式	功能作用
3	AREA	AA	计算对象或所定义区域的面积和周长
4	ARRAY	AR	创建按图形中对象的多个副本
5	BHATCH	H 或 BH	使用填充图案或渐变填充来填充封闭区域或选定对象
6	BLOCK	B	从选定的对象中创建一个块定义
7	BREAK	BR	在两点之间打断选定对象
8	CHAMFER	CHA	给对象加倒角
9	CHANGE	CH	更改现有对象的特性
10	CIRCLE	C	创建圆
11	COPY	CO 或 CP	在指定方向上按指定距离复制对象
12	DDEDIT	ED	编辑单行文字、标注文字、属性定义和功能控制边框
13	DDVPOINT	VP	设置三维观察方向
14	DIMBASELINE	DBA	从上一个标注或选定标注的基线处创建线性标注、角度标注或坐标标注
15	DIMALIGNED	DAL	创建对齐线性标注
16	DIMANGULAR	DAN	创建角度标注
17	DIMCENTER	DCE	创建圆和圆弧的圆心标记或中心线
18	DIMCONTINUE	DCO	创建从先前创建的标注的尺寸界线开始的标注
19	DIMDIAMETER	DDI	为圆或圆弧创建直径标注
20	DIMEDIT	DED	编辑标注文字和尺寸界线
21	DIMLINEAR	DLI	创建线性标注
22	DIMRADIUS	DRA	为圆或圆弧创建半径标注
23	DIST	DI	测量两点之间的距离和角度
24	DIVIDE	DIV	创建沿对象的长度或周长等间隔排列的点对象或块
25	DONUT	DO	创建实心圆或较宽的环
26	DSVIEWER	AV	打开"鸟瞰视图"窗口
27	DVIEW	DV	使用相机和目标来定义平行投影或透视视图
28	ELLIPSE	EL	创建椭圆或椭圆弧
29	ERASE	E	从图形中删除对象
30	EXPLODE	X	将复合对象分解为其组件对象
31	EXPORT	EXP	以其他文件格式保存图形中的对象
32	EXTEND	EX	扩展对象以与其他对象的边相接
33	EXTRUDE	EXT	通过延伸对象的尺寸创建三维实体或曲面
34	FILLET	F	给对象加圆角
35	HIDE	HI	重生成不显示隐藏线的三维线框模型
36	IMPORT	IMP	将不同格式的文件输入当前图形中
37	INSERT	I	将块或图形插入当前图形中
38	LAYER	LA	管理图层和图层特性
39	LEADER	LEAD	创建连接注释与特征的线
40	LENGTHEN	LEN	更改对象的长度和圆弧的包含角
41	LINE	L	创建直线段
42	LINETYPE	LT	加载、设置和修改线型
43	LIST	LI	为选定对象显示特性数据
44	LTSCALE	LTS	设定全局线型比例因子
45	LWEIGHT	LW	设置当前线宽、线宽显示选项和线宽单位
46	MATCHPROP	MA	将选定对象的特性应用于其他对象

续表

序号	功能命令全称	命令缩写形式	功能作用
47	MIRROR	MI	创建选定对象的镜像副本
48	MLINE	ML	创建多条平行线
49	MOVE	M	在指定方向上按指定距离移动对象
50	MTEXT	MT 或 T	创建多行文字对象
51	OFFSET	O	创建同心圆、平行线和平行曲线
52	PAN	P	将视图平面移到屏幕上
53	PEDIT	PE	编辑多段线和三维多边形网格
54	PLINE	PL	创建二维多段线
55	POINT	PO	创建点对象
56	POLYGON	POL	创建等边闭合多段线
57	PROPERTIES	CH	控制现有对象的特性
58	PURGE	PU	删除图形中未使用的项目，例如块定义和图层
59	RECTANG	REC	创建矩形多段线
60	REDO	U	恢复上一个用 UNDO 或 U 命令放弃的效果
61	REDRAW	R	刷新当前视口中的显示
62	REVOLVE	REV	通过绕轴扫掠对象创建三维实体或曲面
63	ROTATE	RO	绕基点旋转对象
64	SCALE	SC	放大或缩小选定对象，使缩放后对象的比例保持不变
65	SECTION	SEC	使用平面和实体、曲面或网格的交集创建面域
66	SLICE	SL	通过剖切或分割现有对象，创建新的三维实体和曲面
67	SOLID	SO	创建实体填充的三角形和四边形
68	SPLINE	SPL	创建通过拟合点或接近控制点的平滑曲线
69	SPLINEDIT	SPE	编辑样条曲线或样条曲线拟合多段线
70	STRETCH	S	拉伸与选择窗口或多边形交叉的对象
71	STYLE	ST	创建、修改或指定文字样式
72	SUBTRACT	SU	通过减法操作来合并选定的三维实体或二维面域
73	TORUS	TOR	创建圆环形的三维实体
74	TRIM	TR	修剪对象以与其他对象的边相接
75	UNION	UNI	通过加操作来合并选定的三维实体、曲面或二维面域
76	UNITS	UN	控制坐标和角度的显示格式和精度
77	VIEW	V	保存和恢复命名视图、相机视图、布局视图和预设视图
78	VPOINT	VP	设置图形的三维可视化观察方向
79	WBLOCK	W	将对象或块写入新图形文件
80	WEDGE	WE	创建三维实体楔体

 ## 2.5 AutoCAD 图形坐标系 ◄◄◄

　　在命令提示输入点时，可以使用定点设备指定点，也可以在命令提示下输入坐标值。打开动态输入时，可以在光标旁边的工具提示中输入坐标值。可以按照笛卡尔坐标（X，Y）或极坐标输入二维坐标。笛卡尔坐标系有三个轴，即 X 轴、Y 轴和 Z 轴。输入坐标值时，需要指示沿 X 轴、Y 轴和 Z 轴相对于坐标系原点（0，0，0）点的距离（以单位表示）及其方向（正或负）。在二维中，在 XY 平面（也称为工作平面）上指定点。工作平面类似于平铺的网格纸。笛卡尔坐标的 X 值指定水平距离，Y 值指定垂直距离。原点（0，0）表示两轴相交的位置。 极坐标使用距离和角度来定位点。使用笛卡尔坐标和极坐标，均可以基于原点（0，0）输入绝对坐标，或基于上一指定点输入相对坐标。输入相对坐标的另一种方法是：通过移动光标指定方向，然后直接输入距离，此方法称为直接距离输入。可以用科学、小数、工程、建筑或分数格式输入坐标。可以使用百分度、弧度、勘测单位或度/分/秒输入角度。UNITS 命令控制单位的格式。

　　AutoCAD 图形的位置是由坐标系来确定的，AutoCAD 环境下使用两个坐标系，即世界坐标系、用户坐标系。

　　一般地，AutoCAD 以屏幕的左下角为坐标原点 O（0，0，0），X 轴为水平轴，向右为正；Y 轴为垂直轴，向上为正；Z 轴则根据右手规则确定，垂直于 XOY 平面，指向使用者，如图 2-54（a）所示。这样的坐标系称为世界坐标系（World Coordinate System），简称 WCS，有时又称通用坐标系，世界坐标系是固定不变的。AutoCAD 允许根据绘图时的不同需要，建立自己专用的坐标系，即用户坐标系（User Coordinate System），简称 UCS，用户坐标系主要在三维绘图时使用。如果图标显示在当前 UCS 的原点处，则图标中有一个加号（+）。如果图标显示在视口的左下角，则图标中没有加号。常见的 AutoCAD 的 UCS 图标如图 2-54（b）所示。

（a）AutoCAD 方向确定原则

二维UCS图标　　　三维UCS图标　　　着色UCS图标　　　WCS上的三维UCS

WCS上的二维UCS　二维UCS折断的铅笔　二维UCS的右侧视图　三维UCS的仰视图

（b）常见 UCS 图标

图 2-54　AutoCAD 坐标

2.5.1　AutoCAD 坐标系设置

（1）坐标系的形式

AutoCAD 在屏幕上最常见的坐标系表示形式，如图 2-55 所示。在 AutoCAD 环境下进行图形绘制时，可以采用绝对直角坐标、相对直角坐标、相对极坐标、球坐标或柱坐标等方法确定点的位置，后两种坐标在三维坐标系中使用，在此不详细论述。

可以使 AutoCAD 显示或隐藏其坐标系图标。坐标显示的设置可由如下两种方法实现。

■ 在"命令:"下输入 UCSICON 命令，即：

命令：UCSICON（控制坐标系图标显示）

输入选项 [开 (ON)/关 (OFF)/全部 (A)/非原点 (N)/原点 (OR)/特性 (P)] <开>：（输入 ON 或 OFF 控制显示）

■ 打开【视图】下拉菜单，选择【显示】命令。接着选择【UCS 图标】命令，最后选择【开】命令在开 / 关进行切换。

（2）坐标显示

在屏幕的左下角状态栏中，AutoCAD 提供了一组用逗号隔开的数字，从左至右分别代表 X 轴、Y 轴和 Z 轴的坐标值。如图 2-56 所示。当移动鼠标时，坐标值将随着变化，状态栏中所显示的坐标值是光标的当前位置。在二维坐标系下，随着光标的移动，（X，Y）数值不断发生变化，而 Z 值保持一定的稳定性。

图 2-55　常见坐标系形式

图 2-56　坐标值（X、Y、Z）

2.5.2　绝对直角坐标

AutoCAD 通过直接输入坐标值（X、Y、Z）在屏幕上确定唯一的点位置，该坐标（X、Y、Z）是相对于坐标系的原点（0,0,0）的，称为绝对直角坐标。在二维平面条件下，只需考虑 X、Y 的坐标值即可，Z 的值恒为 0，即（X，Y）。

AutoCAD 绝对直角坐标的输入方法为：在命令提示后通过键盘直接以"X，Y"形式输入，例如图 2-57 所示的直线 AB。若坐标数值为负，则直线的方向与正值相反。

命令：LINE（输入绘制直线 AB 命令）

指定第一点：6,8（输入直线起点 A 的坐标值）

指定下一点或 [放弃 (U)]：12,28（输入直线终点 B 的坐标值）

指定下一点或 [放弃 (U)]：（回车结束）

2.5.3　相对直角坐标

除了绝对直角坐标外，AutoCAD 还可以利用"@X、Y、Z"方法可精确地设定点的位置。"@X、Y、Z"表示相对于上一个点分别在 X、Y、Z 方向的距离。这样的坐标称为相对直角坐标。在二维平面环境（XOY 平面）下绘制图形对象，可以不考虑 Z 坐标，AutoCAD 将 Z

坐标保持为 0 不变，也即以"@X,Y"形式来表示。

AutoCAD 相对直角坐标的输入方法为：在命令提示后通过键盘直接以"@X，Y"形式输入。直线 AC 可以按相同方法（@0，13）绘制得到。若坐标数值为负，则直线的方向与正值相反。例如，以前述 B 为起点，绘制 C 点，如图 2-58 所示。

命令：LINE（输入绘制直线 BC 命令）

指定第一点：（直线起点捕捉端点 B）

指定下一点或 [放弃(U)]:@10，-8（输入直线终点 C 相对于 B 点的坐标值）

指定下一点或 [放弃(U)]：（回车）

图 2-57　使用绝对直角坐标　　　　　　图 2-58　使用相对直角坐标

2.5.4　相对极坐标

相对极坐标是指相对于某一个固定位置点的距离和角度而确定新的位置所使用的坐标。在 AutoCAD 中默认的角度方向为逆时针方向，用极坐标进行点的定位总是相对于前一个点，而不是原点。

AutoCAD 相对极坐标坐标的输入方法为：在命令提示后通过键盘直接以"@X<Y"形式输入，其中 X 表示相对于前一个点的距离大小，Y 表示与坐标系水平 X 轴直线的角度大小。若坐标数值或角度为负，则直线的方向与正值相反，角度方向为顺时针方向。例如，如图 2-59 所示绘制直线 AD。

命令：LINE（输入绘制直线 AD 命令）

指定第一点：（直线起点捕捉端点 A）

指定下一点或 [放弃(U)]：@12<60（输入直线终点 D 相对于 A 点的距离 12 和与水平轴线的角度 60°）

指定下一点或 [放弃(U)]：（回车）

图 2-59　相对极坐标

2.6　图层常用操作

为便于对图形中不同元素对象进行控制，AutoCAD 提供了图层（Layer）功能，即不同的透明存储层，可以存储图形中不同元素对象。每个图层都有一些相关联的属性，包括图层名、颜色、线型、线宽和打印样式等。图层是绘制图形时最为有效的图形对象管理手段和方式，极大方便了图形的操作。此外，图层的建立、编辑和修改也简洁明了，操作极为便利。

2.6.1 建立新图层

通过如下几种方式建立 AutoCAD 新图层：

- 在"命令:"命令提示下输入 LAYER 命令。
- 打开 【格式】下拉菜单，选择【图层】命令。
- 单击图层工具栏上的图层特性管理器图标。

执行上述操作后，系统将弹出"图层特性管理器"对话框。单击其中的"新建图层"按钮，在当前图层选项区域下将以"图层 1，图层 2，…"的名称建立相应的图层，即为新的图层，该图层的各项参数采用系统默认值。然后单击图层特性管理器"对话框右上角按钮关闭或自动隐藏。每一个图形都有 1 个 0 层，其名称不可更改，且不能删除该图层。其他所建立的图层各项参数是可以修改的，包括名称、颜色等属性参数。如图 2-60 所示。

图 2-60　建立新的图层

2.6.2 图层相关参数的修改

可以对 AutoCAD 图层如下的属性参数进行编辑与修改。

（1）图层名称

图层的取名原则应简单易记，与图层中的图形对象紧密关联。图层名称的修改很简单，按前述方法打开"图层特性管理器"对话框，点击要修改图层名称后按箭头键"→"，该图层的名称出现一个矩形框，变为可修改，可以进行修改。也可以点击右键，在弹出的菜单中选择"重命名图层"即可修改，如图 2-61 所示。AutoCAD 系统对图层名称有一定的限制条件，不能采用"<、\、? 、=、*、:"等符号作为图层名，其长度约 255 个字符。

（2）设置为当前图层

当前图层是指正在进行图形绘制的图层，即当前工作层，所绘制的图线将存放在当前图层中。因此，要绘制某类图形对象元素时，最好先将该类图形对象元素所在的图层设置为当前图层。

按前述方法打开"图层特性管理器"对话框，单击要设置为当前图层的图层，再单击"置为当前"按钮，该图层即为当前工作图层，如图 2-61 所示。

（3）图层颜色

AutoCAD 系统默认图层的颜色为白色或黑色，也可以根据绘图的需要修改图层的颜色。先按前面所述的方法启动"图层特性管理器"对话框，然后单击颜色栏下要改变颜色的图层所对应的图标，系统将弹出"选择颜色"对话框，在该对话框中用光标拾取颜色，最后单击

"确定"按钮，该图层上的图形元素对象颜色即以此作为其色彩，如图 2-62 所示。

图 2-61 修改图层名称

图 2-62 修改图层颜色

（4）删除图层和隐藏图层

先按前面所述的方法启动"图层特性管理器"对话框，然后在弹出"图层特性管理器"对话框中，单击要删除的图层，再单击"删除"按钮，最后单击按钮确定，该图层即被删除。只有图层为空图层时，即图层中无任何图形对象元素时，才能对其进行删除操作。此外"0"、"defpoints"图层不能被删除。

隐藏图层操作是指将该图层上的所有图形对象元素隐藏起来，不在屏幕中显示出来，但图形对象元素仍然保存在图形文件中。

要隐藏图层，先按前面所述的方法启动"图层特性管理器"对话框，然后单击"开"栏下要隐藏的图层所对应的电灯泡图标，该图标将填充满颜色即是关闭隐藏。该图层上的图形元素对象不再在屏幕中显示出来，要重新显示该图层图形对象，只需单击该对应图标，使其变空即可。如图 2-63 所示。

（5）冻结与锁定图层

冻结图层是指将该图层设置为既不在屏幕上显示，也不能对其进行删除等编辑操作的状态。锁定图层与冻结图层不同之处在于该锁定后的图层仍然在屏幕上显示。注意当前图层不能进行冻结操作。

其操作与隐藏图层相似。先按前面所述的方法启动，然后单击冻结/锁定栏下要冻结/锁定的图层所对应的锁头图标，该图标将发生改变（颜色或形状改变）。冻结后图层上的图形元素对象不再在屏幕中显示出来，而锁定后图层上的图形元素对象继续在屏幕中显示出来但不能删除。要重新显示该图层图形对象，只需单击该对应图标，使图标发生改变即可。如图 2-64 所示。

图 2-63　隐藏图层

图 2-64　冻结与锁定图层

2.7　CAD 图形常用选择方法

在进行绘图时，需要经常选择图形对象进行操作。AutoCAD 提供了多种图形选择方法，其中最为常用的方法如下所述。

2.7.1　使用拾取框光标

矩形拾取框光标放在要选择对象的位置时，将亮显对象，单击鼠标左键即可选择图形对象。按住 Shift 键并再次选择对象，可以将其从当前选择集中删除，如图 2-65 所示。

图 2-65　使用光标选择图形

2.7.2　使用矩形窗口选择图形

矩形窗口选择图形是指从第一点向对角点拖动光标的方向将确定选择的对象。使用"窗口选择"选择对象时，通常整个对象都要包含在矩形选择区域中才能选中。

①　窗口选择。从左向右拖动光标，以仅选择完全位于矩形区域中的对象（自左向右方向，即从第 1 点至第 2 点方向进行选择），如图 2-66 所示。

②　窗交选择。从左向右拖动光标，以选择矩形窗口包围的或相交的对象（自右向左方向，即从第 1 点至第 2 点方向进行选择），如图 2-67 所示。

图 2-66　窗口选择

图 2-67　窗交选择

2.8　常用 CAD 绘图快速操作技巧方法

在进行绘图操作时，有一些技巧是个人实践中总结出来的，在相关 AutoCAD 文献中不易找到。本小节将介绍一些实用的 CAD 操作方法技巧，对绘图大有益处。熟能生巧，是最为有效的方法。

2.8.1　图形线型快速修改

CAD 图形线型是由虚线、点和空格组成的重复图案，显示为直线或曲线。可以通过图层将线型指定给对象，也可以不依赖图层而明确指定线型。在工程开始时加载工程所需的线型，以便在需要时使用。

（1）加载线型

加载线型的步骤如下。

① 依次单击"常用"选项卡→"特性"面板→"线型"。

② 在"线型"下拉列表中，单击"其他"。然后，在"线型管理器"对话框中，单击"加载"。

③ 在"加载或重载线型"对话框中，选择一种线型，单击"确定"。

如果未列出所需线型，请单击"文件"。在"选择线型文件"对话框中，选择一个要列出其线型的 LIN 文件，然后单击该文件。此对话框将显示存储在选定的 LIN 文件中的线型定义。选择一种线型，单击"确定"。

可以按住 Ctrl 键来选择多个线型，或者按住 SHIFT 键来选择一个范围内的线型。

④ 单击"确定"，如图 2-68 所示。

图 2-68　加载线型

（2）设定和更改当前线型

所有对象都是使用当前线型（显示在"特性"工具栏上的"线型"控件中）创建的，也可以使用"线型"控件设定当前的线型。如果将当前线型设定为"BYLAYER"，则将使用指定给当前图层的线型来创建对象。如果将当前线型设定为"BYBLOCK"，则将对象编组到块中之前，将使用"CONTINUOUS"线型来创建对象。将块插入到图形中时，此类对象将采用当前线型设置。如果不希望当前线型成为指定给当前图层的线型，则可以明确指定其他线型。CAD 软件中某些对象（文字、点、视口、图案填充和块）不显示线型。

为全部新图形对象设定线型的步骤如下。

① 依次单击"常用"选项卡→"特性"面板→"线型"。

② 在"线型"下拉列表中，单击"其他"。然后，在"线型管理器"对话框中，单击"加载"。

可以按住 Ctrl 键来选择多个线型，或者按住 SHIFT 键来选择一个范围内的线型。

③ 在"线型管理器"对话框中，执行以下操作之一：

选择一个线型并选择"当前"，以该线型绘制所有的新对象。

选择"BYLAYER"以便用指定给当前图层的线型来绘制新对象。

选择"BYBLOCK"以便用当前线型来绘制新对象，直到将这些对象编组为块。将块插入到图形中时，块中的对象将采用当前线型设置。

④ 单击"确定"。

更改指定给图层的线型的步骤如下。

① 依次单击"常用"选项卡→"图层"面板→"图层特性"。

② 在图层特性管理器中，选择要更改的线型名称。

③ 在"选择线型"对话框中，选择所需的线型，单击"确定"。

④ 再次单击"确定"。

更改图形对象的线型方法，选择要更改其线型的对象，依次单击"常用"选项卡→"选项板"面板→"特性"。在特性选项板上，单击"线型"控件，选择要指定给对象的线型。可以通过以下三种方案更改对象的线型。

① 将对象重新指定给具有不同线型的其他图层。如果将对象的线型设定为"BYLAYER"，并将该对象重新指定给其他图层，则该对象将采用新图层的线型。

② 更改指定给该对象所在图层的线型。如果将对象的线型设定为"BYLAYER"，则该对象将采用其所在图层的线型。如果更改了指定给图层的线型，则该图层上指定了"BYLAYER"线型的所有对象都将自动更新。

③ 为对象指定一种线型以替代图层的线型。可以明确指定每个对象的线型。如果要用其他线型来替代对象由图层决定的线型，应将现有对象的线型从"BYLAYER"更改为特定的线型（例如 DASHED）。

（3）控制线型比例

通过全局更改或分别更改每个对象的线型比例因子，可以以不同的比例使用同一种线型。默认情况下，全局线型和独立线型的比例均设定为 1.0。比例越小，每个绘图单位中生成的重复图案数越多。例如，设定为 0.5 时，每个图形单位在线型定义中显示两个重复图案。不能显示一个完整线型图案的短直线段显示为连续线段。对于太短，甚至不能显示一条虚线的直线，可以使用更小的线型比例，如图 2-69 所示。

命令：LTSCALE
输入新线型比例因子 <1.0000>：1.000
正在重生成模型。

图 2-69 不同全局比例因子显示效果

"全局比例因子"的值控制 LTSCALE 系统变量,该系统变量可以全局更改新建对象和现有对象的线型比例。"当前对象缩放比例"的值控制 CELTSCALE 系统变量,该系统变量可以设定新建对象的线型比例。用 LTSCALE 的值与 CELTSCALE 的值相乘可以获得显示的线型比例,可以轻松地分别更改或全局更改图形中的线型比例。在布局中,可以通过 PSLTSCALE 调节各个视口中的线型比例。

2.8.2 快速准确定位复制方法

要将图形准确复制到指定位置,可以使用"带基点复制"的功能方法,即将选定的对象与指定的基点一起复制到剪贴板,然后将图形准确粘贴到指定位置。操作方法如下,如图 2-70 所示。

① 菜单方法:打开下拉菜单编辑(E)→带基点复制(B)。

② 快捷菜单方法:终止所有活动命令,在绘图区域中单击鼠标右键,然后从剪贴板中选择"带基点复制"。

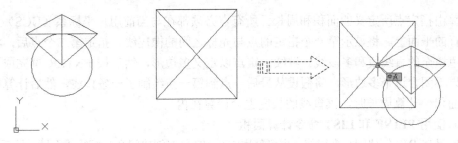

图 2-70 将图形准确复制到指定位置

2.8.3 图形面积和长度快速计算方法

(1) 使用 AREA 功能命令

计算对象或所定义区域的面积和周长,可以使用 AREA 命令。操作步骤是在工具(T)下拉菜单→查询(Q)→面积(A)。

命令:AREA
指定第一个角点或 [对象(O)/增加面积(A)/减少面积(S)] <对象(O)>:
选择对象:
区域 = 15860.5147,周长 = 570.0757

①"对象(O)"选项 可以计算选定对象的面积和周长,可以计算圆、椭圆、样条曲线、多段线、多边形、面域和三维实体的面积。如果选择开放的多段线,将假设从最后一点到第一点绘制了一条直线,然后计算所围区域中的面积。计算周长时,将忽略该直线的长度; 计

算面积和周长时将使用宽多段线的中心线。

② "增加面积（A）"选项 打开"加"模式后，继续定义新区域时应保持总面积平衡。可以使用"增加面积"选项计算各个定义区域和对象的面积、周长，以及所有定义区域和对象的总面积，也可以进行选择以指定点，将显示第一个指定的点与光标之间的橡皮线。要加上的面积以绿色亮显，如图 2-71（a）所示，按 ENTER 键，AREA 将计算面积和周长，并返回打开"加"模式后通过选择点或对象定义的所有区域的总面积。如果不闭合这个多边形，将假设从最后一点到第一点绘制了一条直线，然后计算所围区域中的面积。计算周长时，该直线的长度也会计算在内。

③ "减少面积（S）"选项 与"增加面积"选项类似，但减少面积和周长。可以使用"减少面积"选项从总面积中减去指定面积，也可以通过点指定要减去的区域，将显示第一个指定的点与光标之间的橡皮线。指定要减去的面积以绿色亮显，如图 2-71（b）所示。

（a）增加面积　　　　　　　　　　　（b）减少面积

图 2-71　面积计算

计算由指定点所定义的面积和周长。所有点必须都在与当前用户坐标系（UCS）的 XY 平面平行的平面上。将显示第一个指定的点与光标之间的橡皮线。指定第二个点后，将显示具有绿色填充的直线段和多段线。继续指定点以定义多边形，然后按 ENTER 键完成周长定义。如果不闭合这个多边形，将假设从最后一点到第一点绘制了一条直线，然后计算所围区域中的面积。计算周长时，该直线的长度也会计算在内。

（2）使用 PLINE 和 LIST 命令计算面积

可使用 PLINE 创建闭合多段线，也可使用 BOUNDARY 创建闭合多段线或面域。然后选择闭合图形使用 LIST 或"特性"选项板来查找面积，按下 F2 可以看到面积等提示。如图 2-72 所示。

PLINE 绘制的闭合图形

图 2-72　使用 PLINE 和 LIST 计算面积

（3）使用 BOUNDARY 和 LIST 命令计算面积

使用 BOUNDARY 从封闭区域创建面域或多段线，然后使用 LIST 计算面积方法，按下 F2 可以看到面积等提示，如图 2-73 所示。

命令：BOUNDARY

拾取内部点：正在选择所有对象…

正在选择所有可见对象…

正在分析所选数据…

正在分析内部孤岛…

拾取内部点：

BOUNDARY 已创建 1 个多段线

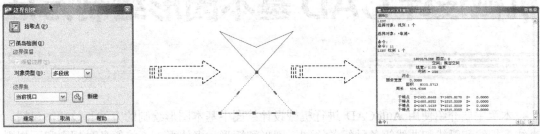

图 2-73　使用 BOUNDARY 和 LIST 计算面积

2.8.4　当前视图中图形显示精度快速设置

当前视图中图形显示精度设置也即设置当前视口中对象的分辨率，其功能命令是 VIEWRES。VIEWRES 使用短矢量控制圆、圆弧、样条曲线和圆弧式多段线的外观。矢量数目越大，圆或圆弧的外观越平滑。例如，如果创建了一个很小的圆然后将其放大，它可能显示为一个多边形。使用 VIEWRES 增大缩放百分比并重生成图形，可以更新圆的外观并使其平滑，如图 2-74 所示。

（a）VIEWRES=100　　　　　　　　　　　　（b）VIEWRES=20000

图 2-74　不同图形显示精度效果

VIEWRES 设置保存在图形中。要更改新图形的默认值，应指定新图形所基于的样板文件中的 VIEWRES 设置。如果命名（图纸空间）布局首次成为当前设置而且布局中创建了默认视口，此初始视口的显示分辨率将与"模型"选项卡视口的显示分辨率相同。

命令：VIEWRES

是否需要快速缩放？[是(Y)/否(N)] <Y>：Y

输入圆的缩放百分比 (1-20000) <100>：20000(注意：最小为 1，最大为 20000)

正在重生成模型。

第3章

机械设计 CAD 基本图形绘制方法

本章主要介绍使用 AutoCAD 进行机械设计绘图中基本图形绘制的方法和技巧，包括：直线、折线和弧线和曲线等各种线条绘制；圆形和矩形、多边形、表格等各种规则和不规则图形绘制；较复杂图形绘制思路和方法。AutoCAD 的绘图功能十分强大，使用方便，用途广泛，能够应对各种图形的绘制，是机械设计绘图及文件制作的有力助手。

3.1 常见机械设计线条 CAD 快速绘制

AutoCAD 中的点、线（包括直线、曲线）等是最基本的图形元素。其中线的绘制包括直线与多段线、射线与构造线、弧线与椭圆弧线、样条曲线与多线等各种形式的线条。

3.1.1 点的绘制

在点、线、面三种类型图形对象中，点无疑是 AutoCAD 中最基本的组成单位元素。点可以作为捕捉对象的节点。点的 AutoCAD 功能命令为 POINT（简写形式为 PO）。其绘制方法是在提示输入点的位置时，直接输入点的坐标或者使用鼠标选择点的位置即可。

启动 POINT 命令可以通过以下三种方式。

① 打开【绘图】下拉菜单选择命令【点】选项中的【单点】或【多点】命令。

② 单击【绘图】工具栏上的【点】命令图标。

③ 在"命令:"命令行提示下直接输入 POINT 或 PO 命令（不能使用"点"作为命令输入）。

打开【格式】下拉菜单选择【点样式】命令选项，就可以选择点的图案形式和图标的大小，如图 3-1 所示。点的形状和大小也可以由系统变量 PDMODE 和 PDSIZE 控制，其中变量 PDMODE 用于设置点的显示图案形式（如果 PDMODE 的值为 1，则指定不显示任何图形），变量 PDSIZE 则用来控制图标的大小（如果 PDSIZE 设置为 0，将按绘图区域高度的 5% 生成点对象）。正的 PDSIZE 值指定点图形的绝对尺寸，负值将解释为视口尺寸的百分比。修改 PDMODE 和 PDSIZE 之后，AutoCAD 下次重生成图形时改变现有点的外观。重生成图形时将重新计算所有点的尺寸。进行点绘制操作如下。

命令：POINT（输入画点命令）

当前点模式：PDMODE=99 PDSIZE=25.0000（系统变量的 PDMODE、PDSIZE 设置

数值）

指定点：（使用鼠标在屏幕上直接指定点的位置，或直接输入点的坐标 x,y,z 数值）

图 3-1　设置点样式　　　　　　　　　　图 3-2　利用点标记等分线段

点的功能一般不单独使用，常常在进行线段等分时作为等分标记使用。最好先选择点的样式，要显示其位置最好不使用"."的样式，因为该样式不易看到。操作如下，如图 3-2 所示。

命令：DIVIDE（打开【绘图】下拉菜单选择【点】命令选项，再选择"定数等分或定距等分"）

选择要定数等分的对象：

输入线段数目或 [块(B)]：6

3.1.2　直线与多段线绘制

(1) 绘制直线

直线的 AutoCAD 功能命令为 LINE（简写形式为 L），绘制直线可通过直接输入端点坐标（X，Y）或直接在屏幕上使用鼠标点取。可以绘制一系列连续的直线段，但每条直线段都是一个独立的对象，按 "ENTER（即回车，后面论述同此）"键结束命令。

启动 LINE 命令可以通过以下三种方式。

① 打开【绘图】下拉菜单选择【直线】命令选项。

② 单击【绘图】工具栏上的【直线】命令图标。

③ 在"命令:"命令行提示下直接输入 LINE 或 L 命令（不能使用"直线"作为命令输入）。

要绘制斜线、水平和垂直的直线，可以结合使用【F8】按键。反复按下【F8】键即可进行在斜线与水平或垂直方向之间切换。以在"命令:"直接输入 LINE 或 L 命令为例，说明直线的绘制方法，如图 3-3 所示。

特别说明，在绘制图形时，图形的端点定位一般采用在屏幕上捕捉直接点取其位置，或输入相对坐标数值进行定位，通常不使用直接输入其坐标数值（X,Y）或（X,Y,Z），因为使用坐标数值比较繁琐。后面论述同此。

命令：LINE（输入绘制直线命令）

指定第一点：175,128（指定直线起点 A 或输入端点坐标）

指定下一点或 [放弃(U)]：545,442（按下【F8】后指定直线终点 B 或输入端点坐标 545,442）

指定下一点或 [放弃(U)]：（回车）

（a） 绘制直线 AB　　　　　　　　（b）不同方向直线

图 3-3　绘制直线

（2）绘制多段线

多段线的 AutoCAD 功能命令为 PLINE（PLINE 为 Polyline 简写形式，简写形式为 PL），绘制多段线同样可通过直接输入端点坐标（X，Y）或直接在屏幕上使用鼠标点取。对于多段线，可以指定线型图案在整条多段线中是位于每条线段的中央，还是连续跨越顶点，如图 3-4 示意。可以通过设置 PLINEGEN 系统变量来执行此设置。

线型在二维多段线线段中居中　　　　　　　　线型在二维多段线中连续

图 3-4　多段线设置

启动 PLINE 命令可以通过以下三种方式。

a．打开【绘图】下拉菜单选择【多段线】命令选项。

b．单击【绘图】工具栏上的【多段线】命令图标。

c．在"命令:"命令行提示下直接输入 PLINE 或 PL 命令（不能使用"多段线"作为命令输入）。

绘制时要在斜线、水平和垂直之间进行切换，可以使用【F8】按键。以在"命令:"直接输入 PLINE 或 PL 命令为例，说明多段线的绘制方法。

① 使用 PLINE 绘制由直线构成的多段线，如图 3-5(a)所示。

命令: PLINE（绘制由直线构成的多段线）

指定起点:13,151（确定起点 A 位置）

当前线宽为 0.0000

指定下一点或 ［圆弧（A）/半宽（H）/长度（L）/放弃（U）/宽度（W）］: 13,83（依次输入多段线端点 B 的坐标或直接在屏幕上使用鼠标点取）

指定下一点或 ［圆弧（A）/闭合（C）/半宽（H）/长度（L）/放弃（U）/宽度（W）］:40,83（下一点 C）

指定下一点或 ［圆弧（A）/闭合（C）/半宽（H）/长度（L）/放弃（U）/宽度（W）］:66,133（下一点 D）

指定下一点或［圆弧（A）/闭合（C）/半宽（H）/长度（L）/放弃（U）/宽度（W）］：82，64（下一点 E）

......

指定下一点或［圆弧（A）/闭合（C）/半宽（H）/长度（L）/放弃（U）/宽度（W）］：（回车结束操作）

(a) 纯直线形式   (b) 直线与弧线结合

图 3-5 绘制多段线

② 使用 PLINE 绘制由直线与弧线构成的多段线，如图 3-5(b)所示。

命令：PLINE（绘制由直线与弧线构成的多段线）

指定起点：7，143（确定起点 A 位置）

当前线宽为 0.0000

指定下一点或［圆弧（A）/半宽（H）/长度（L）/放弃（U）/宽度（W）］：7，91（输入多段线端点 B 的坐标或直接在屏幕上使用鼠标点取）

指定下一点或［圆弧（A）/闭合（C）/半宽（H）/长度（L）/放弃（U）/宽度（W）］：A（输入 A 绘制圆弧段造型）

指定圆弧的端点或

［角度（A）/圆心（CE）/闭合（CL）/方向（D）/半宽（H）/直线（L）/半径（R）/第二个点（S）/放弃（U）/宽度（W）］：41，91（指定圆弧的第 1 个端点 C）

指定圆弧的端点或

［角度（A）/圆心（CE）/闭合（CL）/方向（D）/半宽（H）/直线（L）/半径（R）/第二个点（S）/放弃（U）/宽度（W）］：73，91（指定圆弧的第 2 个端点 D）

指定圆弧的端点或

［角度（A）/圆心（CE）/闭合（CL）/方向（D）/半宽（H）/直线（L）/半径（R）/第二个点（S）/放弃（U）/宽度（W）］：L（输入 L 切换回绘制直线段造型）

指定下一点或［圆弧（A）/闭合（C）/半宽（H）/长度（L）/放弃（U）/宽度（W）］：73，125（下一点 E）

指定下一点或［圆弧（A）/闭合（C）/半宽（H）/长度（L）/放弃（U）/宽度（W）］：（下一点）

......

指定下一点或［圆弧（A）/闭合（C）/半宽（H）/长度（L）/放弃（U）/宽度（W）］：C（闭合多段线）

3.1.3 射线与构造线绘制

（1）绘制射线

射线指沿着一个方向无限延伸的直线，主要用来定位的辅助绘图线。射线具有一个确定的起点并单向无限延伸。其 AutoCAD 功能命令为 RAY，直接在屏幕上使用鼠标点取。

启动 RAY 命令可以通过以下两种方式。

① 打开【绘图】下拉菜单选择【射线】命令选项。

② 在"命令:"命令行提示下直接输入 RAY 命令（不能使用"射线"作为命令输入）。

AutoCAD 绘制一条射线并继续提示输入通过点以便创建多条射线。起点和通过点定义了射线延伸的方向，射线在此方向上延伸到显示区域的边界。按 ENTER 键结束命令。以在"命令:"直接输入 RAY 命令为例，说明射线的绘制方法，如图 3-6 所示。

命令：RAY（输入绘射线命令）

指定起点：8，95（指定射线起点 A 的位置）

指定通过点：62，139（指定射线所通过点的位置 B）

指定通过点：112，121（指定射线所通过点的位置 C）

……

指定通过点：（回车）

图 3-6 绘制射线　　　　　　　图 3-7 绘制构造线

（2）绘制构造线

构造线指两端方向是无限长的直线，主要用来定位的辅助绘图线，即用来定位对齐边角点的辅助绘图线。其 AutoCAD 功能命令为 XLINE（简写形式为 XL），可直接在屏幕上使用鼠标点取。

启动 XLINE 命令可以通过以下三种方式。

① 打开【绘图】下拉菜单选择【构造线】命令选项。

② 单击【绘图】工具栏上的【构造线】命令图标。

③ 在"命令:"命令行提示下直接输入 XLINE 或 XL 命令（不能使用"构造线"作为命令输入）。

使用两个通过点指定构造线（无限长线）的位置。以在"命令:"直接输入 XLINE 命令为例，说明构造线的绘制方法，如图 3-7 所示。

命令：XLINE（绘制构造线）

指定点或 [水平（H）/垂直（V）/角度（A）/二等分（B）/偏移（O）]：8，95（指定构造直线起点 A 位置）

指定通过点：62，139（指定构造直线通过点位置 B）

指定通过点:112，121（指定下一条构造直线通过点位置 C）

指定通过点：（指定下一条构造直线通过点位置）

……

指定通过点：

指定通过点：（回车）

3.1.4 圆弧线与椭圆弧线绘制

（1）绘制圆弧线

圆弧线可以通过输入端点坐标进行绘制，也可以直接在屏幕上使用鼠标点取。其 AutoCAD 功能命令为 ARC（简写形式为 A）。在进行绘制时，如果未指定点就按 ENTER 键，AutoCAD 将把最后绘制的直线或圆弧的端点作为起点，并立即提示指定新圆弧的端点。这将创建一条与最后绘制的直线、圆弧或多段线相切的圆弧。

启动 ARC 命令可以通过以下三种方式。

① 打开【绘图】下拉菜单选择【圆弧】命令选项。

② 单击【绘图】工具栏上的【圆弧】命令图标。

③ 在"命令:"命令行提示下直接输入 ARC 或 A 命令（不能使用"圆弧"作为命令输入）。

以在"命令:"直接输入 ARC 命令为例，说明弧线的绘制方法，如图 3-8 所示。

命令：ARC（绘制弧线）

指定圆弧的起点或 [圆心（C）]：20, 102（指定起始点位置 A）

指定圆弧的第二个点或 [圆心（C）/端点（E）]：61, 139（指定中间点位置 B）

指定圆弧的端点：113, 122（指定终点位置 C）

图 3-8　绘制弧线　　　　　　　　图 3-9　绘制椭圆曲线

（2）绘制椭圆弧线

椭圆弧线的 AutoCAD 功能命令为 ELLIPSE（简写形式为 EL），与椭圆是一致的，只是在执行 ELLIPSE 命令后再输入 A 进行椭圆弧线绘制。一般根据两个端点定义椭圆弧的第一条轴，第一条轴的角度确定了整个椭圆的角度。第一条轴既可定义椭圆的长轴也可定义短轴。

启动 ELLIPSE 命令可以通过以下三种方式。

① 打开【绘图】下拉菜单选择【椭圆】命令选项，再执行子命令选项【圆弧】。

② 单击【绘图】工具栏上的【椭圆弧】命令图标。

③ 在"命令:"命令行提示下直接输入 ELLIPSE 或 EL 命令后再输入 A（不能使用"椭圆弧"作为命令输入）。

以在"命令:"直接输入 ELLIPSE 命令为例，说明椭圆弧线的绘制方法，如图 3-9 所示。

命令：ELLIPSE（绘制椭圆曲线）

指定椭圆的轴端点或 [圆弧（A）/中心点（C）]：A（输入 A 绘制椭圆曲线）

指定椭圆弧的轴端点或 [中心点（C）]：（指定椭圆轴线端点 A）

指定轴的另一个端点：（指定另外一个椭圆轴线端点 B）

指定另一条半轴长度或 [旋转（R）]：（指定与另外一个椭圆轴线距离 OC）

指定起始角度或 [参数（P）]：（指定起始角度位置 D）

指定终止角度或 [参数（P）/包含角度（I）]：（指定终点角度位置 E）

3.1.5 样条曲线与多线绘制

(1) 绘制样条曲线

样条曲线是一种拟合不同位置点的曲线，其 AutoCAD 功能命令为 SPLINE（简写形式为 SPL）。样条曲线与使用 ARC 命令连续绘制的多段曲线图形不同之处是，样条曲线是一体的，且曲线光滑流畅，而使用 ARC 命令连续绘制的多段曲线图形则是由几段组成的。SPLINE 在指定的允差范围内把光滑的曲线拟合成一系列的点。AutoCAD 使用 NURBS（非均匀有理 B 样条曲线）数学方法，其中存储和定义了一类曲线和曲面数据。

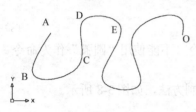

图 3.10　绘制样条曲线

启动 SPLINE 命令可以通过以下三种方式。

① 打开【绘图】下拉菜单选择【样条曲线】命令选项。

② 单击【绘图】工具栏上的【样条曲线】命令图标。

③ 在"命令:"命令行提示下直接输入 SPLINE 或 SPL 命令（不能使用"样条曲线"作为命令输入）。

以在"命令:"直接输入 SPLINE 命令为例，说明样条曲线的绘制方法，如图 3-10 所示。

命令：SPLINE（输入绘制样条曲线命令）

当前设置：方式=拟合　　节点=弦

指定第一个点或 [方式(M)/节点(K)/对象(O)]：（指定样条曲线的第 1 点 A 或选择对象进行样条曲线转换）

输入下一个点或 [起点切向(T)/公差(L)]：（指定下一点 C 位置或选择备选项）

输入下一个点或 [端点相切(T)/公差(L)/放弃(U)/闭合(C)]：（指定下一点 D 位置或选择备选项）

……

输入下一个点或 [端点相切(T)/公差(L)/放弃(U)/闭合(C)]：（指定下一点 O 位置或选择备选项）

输入下一个点或 [端点相切(T)/公差(L)/放弃(U)/闭合(C)]：　　（回车）

指定切向：（回车）

(2) 绘制多线

多线也称多重平行线，指由两条相互平行的直线构成的线型。其 AutoCAD 绘制命令为 MLINE（简写形式为 ML）。其中的比例因子参数 Scale 是控制多线的全局宽度（这个比例不影响线型比例），该比例基于在多线样式定义中建立的宽度。比例因子为 2，则在绘制多线时，其宽度是样式定义的宽度的两倍。负比例因子将翻转偏移线的次序，即当从左至右绘制多线时，偏移最小的多线绘制在顶部。负比例因子的绝对值也会影响比例。比例因子为 0 将使多线变为单一的直线。

启动 MLINE 命令可以通过以下三种方式。

① 打开【绘图】下拉菜单选择【多线】命令选项。

② 单击绘图工具栏上的多线命令图标。

③ 在"命令:"命令行提示下直接输入 MLINE 或 ML 命令（不能使用"多线"作为命令输入）。

打开【绘图】下拉菜单，选择命令【多线样式】选项，在弹出的对话框中就可以新建多线样式、修改名称、设置特性和加载新的样式等，如图 3-11 所示。

图 3-11　设置多线

以在"命令:"直接输入 MLINE 命令为例，说明多线的绘制方法，如图 3-12 所示。

命令：MLINE（绘制多线）

当前设置：对正 = 上，比例 = 20.00，样式 = STANDARD

指定起点或 [对正（J）/比例（S）/样式（ST）]：S（输入 S 设置多线宽度）

输入多线比例 <20.00>：120（输入多线宽度）

当前设置：对正 = 上，比例 = 120.00，样式 = STANDARD

指定起点或 [对正（J）/比例（S）/样式（ST）]：（指定多线起点位置）

指定下一点：（指定多线下一点位置）

指定下一点或 [放弃（U）]：（指定多线下一点位置）

指定下一点或 [闭合（C）/放弃（U）]：（指定多线下一点位置）

指定下一点或 [闭合（C）/放弃（U）]：（指定多线下一点位置）

指定下一点或 [闭合（C）/放弃（U）]：（指定多线下一点位置）

……

指定下一点或 [闭合（C）/放弃（U）]：C（回车）

图 3-12　绘制多线

图 3-13　绘制云线

3.1.6　云线（云彩线）绘制

云线是指由连续圆弧组成的线条造型。云线的 AutoCAD 命令是 REVCLOUD，REVCLOUD 在系统注册表中存储上一次使用的圆弧长度，当程序和使用不同比例因子的图形一起使用时，用 DIMSCALE 乘以此值以保持统一。

启动命令可以通过以下三种方式。

① 打开【绘图】下拉菜单选择【修订云线】命令选项。

② 单击【绘图】工具栏上的【修订云线】命令图标。

③ 在"命令:"直接输入 REVCLOUD 命令。

其绘制方法如下所述，如图 3-13 所示。

命令：REVCLOUD（绘制云线）

最小弧长：15　　最大弧长：15　　样式：普通

指定起点或 [弧长(A)/对象(O)] <对象>：A（输入 A 设置云线的大小）

指定最小弧长 <15>：10（输入云线最小弧段长度）

指定最大弧长 <10>：18（输入云线最大弧段长度）

指定起点或 [对象(O)] <对象>：（指定云线起点位置）

沿云线路径引导十字光标...（拖动鼠标进行云线绘制）

反转方向 [是(Y)/否(N)] <否>：N

修订云线完成（回车完成绘制）

3.1.7　其他特殊线绘制

AutoCAD 提供了绘制具有宽度的线条功能，可以绘制等宽度和不等宽度的线条。

(1) 等宽度的线条

绘制等宽度的线条，可以使用 PLINE、TRACE 命令来实现，具体绘制方法如下所述。

① 使用 PLINE 命令绘制等宽度的线条，如图 3-14 所示。

命令：PLINE（使用 PLINE 命令绘制等宽度的线条）

指定起点：（指定等宽度的线条起点 A）

当前线宽为 0.0000

指定下一个点或 [圆弧(A)/半宽(H)/长度(L)/放弃(U)/宽度(W)]：W（输入 W 设置线条宽度）

指定起点宽度 <0.0000>：15（输入起点宽度）

指定端点宽度 <15.0000>：15（输入端点宽度）

指定下一个点或 [圆弧(A)/半宽(H)/长度(L)/放弃(U)/宽度(W)]：（依次输入多段线端点坐标或直接在屏幕上使用鼠标点取 B）

指定下一点或 [圆弧(A)/闭合(C)/半宽(H)/长度(L)/放弃(U)/宽度(W)]：（指定下一点位置 C）

指定下一点或 [圆弧(A)/闭合(C)/半宽(H)/长度(L)/放弃(U)/宽度(W)]：（指定下一点位置 D）

......

指定下一点或 [圆弧(A)/闭合(C)/半宽(H)/长度(L)/放弃(U)/宽度(W)]：（指定下一点位置）

指定下一点或 [圆弧(A)/闭合(C)/半宽(H)/长度(L)/放弃(U)/宽度(W)]：（回车结束操作）

图 3-14　绘制宽度线

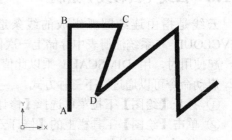

图 3-15　使用 TRACE 命令

② 使用 TRACE 命令绘制宽度线，如图 3-15 所示。使用 TRACE 命令时，只有下一个线段的终点位置确定后，上一段的线段才在屏幕上显示出来。宽线的端点在宽线的中心线上，而且总是被剪切成矩形。TRACE 自动计算连接到邻近线段的合适倒角。AutoCAD 直到指定下一线段或按 ENTER 键之后才画出每条线段。考虑到倒角的处理方式，TRACE 没有放弃选项。如果"填充"模式打开，则宽线是实心的。如果"填充"模式关闭，则只显示宽线的轮廓。

命令：TRACE（使用 TRACE 绘制等宽度的线条）

指定线条宽度 <1.2000>：8

指定起点：（指定起点位置 A）

指定下一点：（指定下一点位置 B）

指定下一点：（指定下一点位置 C）

……

指定下一点：（回车）

(2) 不等宽度的线条

绘制不等宽度的线条，可以使用 PLINE 命令来实现，具体绘制方法如下所述，其他不等宽线条按相同方法绘制，如图 3-16 所示。

(a) 绘制不等宽线条 ABC　　　　　　　　(b) 其他形式

图 3-16　绘制不等宽度线条

命令：PLINE（使用 PLINE 命令绘制不等宽度的线条）

指定起点：（指定不等宽度的线条起点 A）

当前线宽为 0.0000

指定下一个点或 [圆弧 (A) /半宽 (H) /长度 (L) /放弃 (U) /宽度 (W)]：W（输入 W 设置线条宽度）

指定起点宽度 <0.0000>：15（输入起点宽度）

指定端点宽度 <15.0000>：3（输入线条宽度与前面不一致）

指定下一个点或 [圆弧 (A) /半宽 (H) /长度 (L) /放弃 (U) /宽度 (W)]：（依次输入多段线端点坐标或直接在屏幕上使用鼠标点取 B）

指定下一点或 [圆弧 (A) /闭合 (C) /半宽 (H) /长度 (L) /放弃 (U) /宽度 (W)]：W（输入 W 设置线条宽度）

指定起点宽度 <3.0000>：5（输入起点宽度）

指定端点宽度 <5.0000>：1（输入线条宽度与前面不一致）

指定下一点或 [圆弧 (A) /闭合 (C) /半宽 (H) /长度 (L) /放弃 (U) /宽度 (W)]：

（指定下一点位置 C）

......

指定下一点或 [圆弧（A）/闭合（C）/半宽（H）/长度（L）/放弃（U）/宽度（W）]：（指定下一点位置）

指定下一点或 [圆弧（A）/闭合（C）/半宽（H）/长度（L）/放弃（U）/宽度（W）]：（回车结束操作）

（3）带箭头的注释引线线条

绘制带箭头的注释引线线条，可以使用 LEADER 命令快速实现，具体绘制方法如下所述。

① 直线引线绘制，如图 3-17（a）所示。

命令：LEADER

指定引线起点：

指定下一点：

指定下一点或 [注释(A)/格式(F)/放弃(U)] <注释>：（回车）

指定下一点或 [注释(A)/格式(F)/放弃(U)] <注释>：（回车）

输入注释文字的第一行 <选项>：（回车）

输入注释选项 [公差(T)/副本(C)/块(B)/无(N)/多行文字(M)] <多行文字>：（回车输入文字内容 "ABC"）

② 曲线引线绘制，如图 3-17（b）所示。

命令：LEADER

指定引线起点：

指定下一点：

指定下一点或 [注释(A)/格式(F)/放弃(U)] <注释>：F（输入 F）

输入引线格式选项 [样条曲线(S)/直线(ST)/箭头(A)/无(N)] <退出>：S（输入 S）

指定下一点或 [注释(A)/格式(F)/放弃(U)] <注释>：（回车）

输入注释文字的第一行 <选项>：（回车）

输入注释选项 [公差(T)/副本(C)/块(B)/无(N)/多行文字(M)] <多行文字>：（回车输入文字内容 "ABC"）

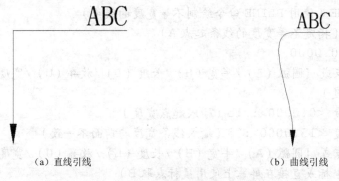

(a) 直线引线   (b) 曲线引线

图 3-17 带箭头的注释引线线条绘制

⚙ 3.2 常见机械设计平面图形 CAD 快速绘制 «««

AutoCAD 提供了一些可以直接绘制得到的基本的平面图形，包括圆形、矩形、椭圆形和正多边形等基本图形。

3.2.1　圆形和椭圆形绘制

（1）绘制圆形

常常使用到的 AutoCAD 基本图形是圆形，其 AutoCAD 绘制命令是 CIRCLE（简写形式为 C）。启动 CIRCLE 命令可以通过以下三种方式。

① 打开【绘图】下拉菜单选择【圆形】命令选项。

② 单击【绘图】工具栏上的【圆形】命令图标。

③ 在"命令:"命令行提示下直接输入 CIRCLE 或 C 命令。

可以通过中心点或圆周上三点中的一点创建圆，还可以选择与圆相切的对象。以在"命令:"直接输入 CIRCLE 命令为例，说明圆形的绘制方法，如图 3-18 所示。

命令: CIRCLE（绘制圆形）

指定圆的圆心或 [三点（3P）/两点（2P）/相切、相切、半径（T）]:（指定圆心点位置 O）

指定圆的半径或 [直径（D）] <20.000>: 50（输入圆形半径或在屏幕上直接点取）

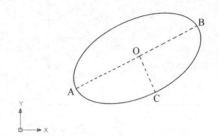

图 3-18　绘制圆形　　　　　　　　　　图 3-19　绘制椭圆形

（2）绘制椭圆形

椭圆形的 AutoCAD 绘制命令与椭圆曲线是一致的，均是 ELLIPSE（简写形式为 EL）命令。

启动 ELLIPSE 命令可以通过以下三种方式。

① 打开【绘图】下拉菜单选择【椭圆形】命令选项。

② 单击【绘图】工具栏上的【椭圆形】命令图标。

③ 在"命令:"命令行提示下直接输入 ELLIPSE 或 EL 命令。

以在"命令:"直接输入 ELLIPSE 命令为例，说明椭圆形的绘制方法，如图 3-19 所示。

命令: ELLIPSE（绘制椭圆形）

指定椭圆的轴端点或 [圆弧（A）/中心点（C）]:（指定一个椭圆形轴线端点 A）

指定轴的另一个端点:（指定该椭圆形轴线另外一个端点 B）

指定另一条半轴长度或 [旋转（R）]:（指定与另外一个椭圆轴线长度距离 OC）

3.2.2　矩形和正方形绘制

（1）绘制矩形

矩形最为常见的基本图形，其 AutoCAD 绘制命令是 RECTANG 或 RECTANGLE（简写形式为 REC）。当使用指定的点作为对角点创建矩形，矩形的边与当前 UCS 的 X 轴或 Y 轴平行。

启动 RECTANG 命令可以通过以下三种方式。

① 打开【绘图】下拉菜单选择【矩形】命令选项。

② 单击【绘图】工具栏上的【矩形】命令图标。

③ 在"命令:"命令行提示下直接输入 RECTANG 或 REC 命令。

使用长和宽创建矩形时，第二个指定点将矩形定位在与第一角点相关的四个位置之一内。以在"命令:"直接输入 RECTANG 命令为例，说明矩形的绘制方法，如图 3-20 所示。

命令:RECTANG（绘制矩形）

指定第一个角点或 [倒角(C)/标高(E)/圆角(F)/厚度(T)/宽度(W)]:

指定另一个角点或 [面积(A)/尺寸(D)/旋转(R)]: D（输入 D 指定尺寸）

指定矩形的长度 <0.0000>: 1000（输入矩形的长度）

指定矩形的宽度 <0.0000>:1500（输入矩形的宽度）

指定另一个角点或 [面积(A)/尺寸(D)/旋转(R)]:（移动光标以显示矩形可能的四个位置之一并单击需要的一个位置）

图 3-20　绘制矩形　　　　　　　　　　图 3-21　绘制正方形

（2）绘制正方形

绘制正方形可以使用 AutoCAD 的绘制正多边形 POLYGON 或绘制矩形命令绘制 RECTANG。启动命令可以通过以下三种方式。

a. 打开【绘图】下拉菜单选择【正多边形】或【矩形】命令选项。

b. 单击【绘图】工具栏上的【正多边形】或【矩形】命令图标。

c. 在"命令:"命令行提示下直接输入 POLYGON 或 RECTANG 命令。

以在"命令:"直接输入 POLYGON 或 RECTANG 命令为例，说明等边多边形的绘制方法，如图 3-21 示意。

① 命令:RECTANG（绘制正方形）

指定第一个角点或 [倒角(C)/标高(E)/圆角(F)/厚度(T)/宽度(W)]:

指定另一个角点或 [面积(A)/尺寸(D)/旋转(R)]: D（输入 D 指定尺寸）

指定矩形的长度 <0.0000>: 1000（输入正方形的长度）

指定矩形的宽度 <0.0000>:1000（输入正方形的宽度）

指定另一个角点或 [面积(A)/尺寸(D)/旋转(R)]:（移动光标以显示矩形可能的四个位置之一并单击需要的一个位置）

② 命令: POLYGON　（绘制正方形）

输入边的数目 <4>: 4（输入正方形边数）

指定正多边形的中心点或 [边(E)]: E（输入 E 绘制正方形）

指定边的第一个端点:（在屏幕上指定边的第一个端点位置）

指定边的第二个端点：50（输入正方形边长长度，若输入"-50"，是负值，其位置相反）

3.2.3 圆环和螺旋线绘制

(1) 绘制圆环

圆环是由宽弧线段组成的闭合多段线构成的。圆环具有内径和外径的图形，可以认为是圆形的一种特例，如果指定内径为零，则圆环成为填充圆，其 AutoCAD 功能命令是 DONUT。圆环内的填充图案取决于 FILL 命令的当前设置。

启动命令可以通过以下两种方式。

a. 打开【绘图】下拉菜单选择【圆环】命令选项。

b. 在"命令:"命令行提示下直接输入 DONUT 命令。

AutoCAD 根据中心点来设置圆环的位置。指定内径和外径之后，AutoCAD 提示用户输入绘制圆环的位置。以在"命令:"直接输入 DONUT 命令为例，说明圆环的绘制方法，如图3-22 所示。

命令：DONUT（绘制圆环）

指定圆环的内径 <0.5000>：20（输入圆环内半径）

指定圆环的外径 <1.0000>：50（输入圆环外半径）

指定圆环的中心点或 <退出>：（在屏幕上点取圆环的中心点位置 O）

指定圆环的中心点或 <退出>：（指定下一个圆环的中心点位置）

……

指定圆环的中心点或 <退出>：（回车）

若先将填充（FILL）命令关闭，再绘制圆环，则圆环以线框显示，如图 3-23 所示。

图 3-22　绘制圆环　　　　　　　　图 3-23　圆环以线框显示

① 关闭填充命令

命令：FILL（填充控制命令）

输入模式［开（ON）/ 关（OFF）］<开>:OFF（输入 OFF 关闭填充）

② 绘制圆环

命令：DONUT（绘制圆环）

指定圆环的内径 <10.5000>：50（输入圆环内半径）

指定圆环的外径 <15.0000>：150（输入圆环外半径）

指定圆环的中心点或 <退出>：（在屏幕上点取圆环的中心点位置 O）

指定圆环的中心点或 <退出>：（指定下一个圆环的中心点位置）

……

指定圆环的中心点或 <退出>：（回车）

(2) 绘制螺旋

螺旋就是开口的二维或三维螺旋（可以通过 SWEEP 命令将螺旋用作路径。例如，可以沿着螺旋路径来扫掠圆，以创建弹簧实体模型，在此略，如图 3-24 示意）。其 AutoCAD 功能命令是 HELIX。螺旋是真实螺旋的样条曲线近似，长度值可能不十分准确。

如果指定一个值来同时作为底面半径和顶面半径，将创建圆柱形螺旋。默认情况下，为顶面半径和底面半径设置的值相同。不能指定 0 来同时作为底面半径和顶面半径。如果指定不同的值来作为顶面半径和底面半径，将创建圆锥形螺旋。如果指定的高度值为 0，则将创建扁平的二维螺旋。

启动螺旋命令可以通过以下两种方式。

① 打开【绘图】下拉菜单选择【螺旋】命令选项。

② 在"命令:"命令行提示下直接输入 HELIX 命令。

以在"命令:"直接输入 HELIX 命令为例，说明二维螺旋的绘制方法，如图 3-25 所示。

命令: HELIX（绘制二维螺旋）

圈数 = 3.0000   扭曲=CCW

指定底面的中心点:

指定底面半径或 [直径(D)] <14.3880>: 15

指定顶面半径或 [直径(D)] <15.0000>: 50

指定螺旋高度或 [轴端点(A)/圈数(T)/圈高(H)/扭曲(W)] <40.2430>: T（输入 T 设置螺旋圈数）

输入圈数 <3.0000>: 6

指定螺旋高度或 [轴端点(A)/圈数(T)/圈高(H)/扭曲(W)] <40.2430>: H（输入 H 指定高度值）

指定圈间距 <13.4143>: 0（指定的高度值为 0，则将创建扁平的二维螺旋）

图 3-24　二、三维螺旋对比　　　　　　　　　　　图 3-25　绘制二维螺旋

3.2.4　正多边形绘制和创建区域覆盖

（1）绘制正多边形

正多边形也称等边多边形，其 AutoCAD 绘制命令是 POLYGON，可以绘制包括正方形、等六边形等图形。当正多边形边数无限大时，其形状逼近圆形。正多边形是一种多段线对象，AutoCAD 以零宽度绘制多段线，并且没有切线信息。可以使用 PEDIT 命令修改这些值。

启动命令可以通过以下三种方式。

① 打开【绘图】下拉菜单选择【正多边形】命令选项。

② 单击【绘图】工具栏上的【正多边形】命令图标。

③ 在"命令:"命令行提示下直接输入 POLYGON 命令。

以在"命令:"直接输入 POLYGON 命令为例,说明等边多边形的绘制方法。

① 以内接圆确定等边多边形,如图 3-26 所示。内接于圆是指定外接圆的半径,正多边形的所有顶点都在此圆周上。

命令: POLYGON（绘制等边多边形）

输入边的数目 <4>: 6（输入等边多边形的边数）

指定正多边形的中心点或 [边（E）]:（指定等边多边形中心点位置 O）

输入选项 [内接于圆（I）/外切于圆（C）] <I>: I（输入 I 以内接圆确定等边多边形）

指定圆的半径: 50（指定内接圆半径）

② 以外切圆确定等边多边形,如图 3-27 所示。外切于圆是指定从正多边形中心点到各边中点的距离。

图 3-26　使用内接圆确定　　　　　　　　图 3-27　使用外切圆确定

命令: POLYGON（绘制等边多边形）

输入边的数目 <4>: 6（输入等边多边形的边数）

指定正多边形的中心点或 [边（E）]:（指定等边多边形中心点位置 O）

输入选项 [内接于圆（I）/外切于圆（C）]<I>:C（输入 C 以外切圆确定等边多边形）

指定圆的半径: 50（指定外切圆半径）

(2) 创建区域覆盖图形

使用区域覆盖对象可以在现有对象上生成一个空白区域,用于添加注释或详细的屏蔽信息。区域覆盖对象是一块多边形区域,它可以使用当前背景色屏蔽底层的对象。此区域以区域覆盖线框为边框,可以打开此区域进行编辑,也可以关闭此区域进行打印。通过使用一系列点来指定多边形的区域可以创建区域覆盖对象,也可以将闭合多段线转换成区域覆盖对象。如图 3-28 所示。

创建多边形区域的 AutoCAD 命令是 WIPEOUT。启动命令可以通过以下两种方式,其绘制方法如下所述,如图 3-29 所示。

图 3-28　区域覆盖效果　　　　　　　　　图 3-29　绘制区域覆盖

① 打开【绘图】下拉菜单选择【区域覆盖】命令选项。

② 在"命令:"直接输入 WIPEOUT 命令。

命令：WIPEOUT（创建多边形区域）

指定第一点或 [边框(F)/多段线(P)] <多段线>：（指定多边形区域的起点A位置）

指定下一点：（指定多边形区域下一点B位置）

指定下一点或 [放弃(U)]：（指定多边形区域下一点C位置）

指定下一点或 [闭合(C)/放弃(U)]：（指定多边形区域下一点D位置）

......

指定下一点或 [闭合(C)/放弃(U)]：（回车结束）

3.3 常见机械设计 CAD 表格图形快速绘制 ◀◀◀

CAD 提供了多种方法绘制表格。一般可以通过如下两种方法完成表格绘制。

（1）使用表格功能命令 TABLE 绘制

启动表格功能命令可以通过以下三种方式。

① 打开【绘图】下拉菜单选择【表格】命令选项。

② 单击【绘图】工具栏上的【表格】命令图标。

③ 在"命令:"命令行提示下直接输入 TABLE 命令。

以在"命令:"直接输入 TABLE 命令为例，说明表格的绘制方法。

执行 TABLE 功能命令后，弹出"插入表格"对话框，设置相关的数值，包括表格的列数、列宽、行数、行高、单元样式等各种参数。单击"确定"后要求在屏幕上指定表格位置，单击位置后要求输入表格标题栏文字内容，然后单击"确定"得到表格。单击表格任意单元格，该单元格显示黄色，可以输入文字内容，如图 3-30 示意。

（a）创建表格线

（b）标注文字

图 3-30 绘制表格

在"插入表格"对话框中，可以单击表格启动"表格样式"对话框，在弹出的"修改表格样式"对话框中对表格进行修改。如图3-31示意。

图3-31　修改表格样式

（2）使用 LINE\OFFSET\TRIM\MOVE\TEXT 等功能命令绘制

① 先使用 LINE 命令绘制水平和竖直方向的表格定位线，再按表格宽度、高度要求使用 OFFSET\TRIM 等进行偏移、修剪等，如图3-32所示。

图3-32　绘制表格线条

```
命令: LINE
指定第一点:
指定下一点或 [放弃(U)]: <正交 开>
指定下一点或 [放弃(U)]:
命令: OFFSET
当前设置: 删除源=否  图层=源  OFFSETGAPTYPE=0
指定偏移距离或 [通过(T)/删除(E)/图层(L)] <通过>: 150
选择要偏移的对象, 或 [退出(E)/放弃(U)] <退出>:
指定要偏移的那一侧上的点, 或 [退出(E)/多个(M)/放弃(U)] <退出>:
选择要偏移的对象, 或 [退出(E)/放弃(U)] <退出>:
指定要偏移的那一侧上的点, 或 [退出(E)/多个(M)/放弃(U)] <退出>:
选择要偏移的对象, 或 [退出(E)/放弃(U)] <退出>:
```

② 使用 MTEXT 功能命令标注文字内容即可，位置可以使用 MOVE 功能命令调整，如图3-33所示。

```
命令: MTEXT
当前文字样式: "Standard"  文字高度: 2.5  注释性: 否
```

指定第一角点：

指定对角点或 [高度(H)/对正(J)/行距(L)/旋转(R)/样式(S)/宽度(W)/栏(C)]：

命令：MOVE

选择对象：找到 1 个

选择对象：

指定基点或 [位移(D)] <位移>：

指定第二个点或 <使用第一个点作为位移>：

图 3-33　标注文字内容

3.4　机械设计复合 CAD 平面图形绘制 ◀◀◀

　　复合平面图形是指不能直接使用 AutoCAD 提供的基本命令一次生成的图形，但可以通过使用多个命令得到的组合图形。如图 3-34 所示的复合平面图形，由等多边形、圆形和弧线等构成，下面以此图为例介绍复合平面图形的绘制方法。其他类型的复合图形，同样可以按此方法进行绘制（注：其中使用到的部分编辑修改命令，在后面章节将详细论述）。

　　① 使用 CIRCLE 绘制 2 个小同心圆，如图 3-35 所示。

图 3-34　复合平面图形

图 3-35　绘制 2 个同心圆

命令：CIRCLE（绘制一个小圆形）

指定圆的圆心或 [三点(3P)/两点(2P)/相切、相切、半径(T)]：（指定圆心点位置）

指定圆的半径或 [直径(D)] <0.000>：250（输入圆形半径或在屏幕上直接点取）

命令：OFFSET（偏移得到同心圆）

当前设置：删除源=否　图层=源　OFFSETGAPTYPE=0

指定偏移距离或 [通过(T)/删除(E)/图层(L)] <0.0000>： 50

选择要偏移的对象，或 [退出(E)/放弃(U)] <退出>：(回车)

指定要偏移的那一侧上的点，或 [退出(E)/多个(M)/放弃(U)] <退出>：(指定要偏移的那一侧上的点)

选择要偏移的对象，或 [退出(E)/放弃(U)] <退出>：(回车)

② 使用 POLYGON、OFFSET 命令建立 3 个等八边形，其中心点位于圆心位置，如图 3-36 所示。

命令：POLYGON （绘制等边多边形）

输入边的数目 <4>： 8（输入等边多边形的边数）

指定正多边形的中心点或 [边（E）]：（指定等边多边形中心点位置）

输入选项 [内接于圆（I）/外切于圆（C）] <I>：I（输入 I 以内接圆确定等边多边形）

指定圆的半径：1500（指定内接圆半径）

命令：OFFSET（偏移得到同心等八边形）

当前设置：删除源=否　图层=源　OFFSETGAPTYPE=0

指定偏移距离或 [通过(T)/删除(E)/图层(L)] <0.0000>： 50

选择要偏移的对象，或 [退出(E)/放弃(U)] <退出>：(回车)

指定要偏移的那一侧上的点，或 [退出(E)/多个(M)/放弃(U)] <退出>：(指定要偏移的那一侧上的点)

选择要偏移的对象，或 [退出(E)/放弃(U)] <退出>：(回车)

③ 绘制 2 条弧线构成一个梭形状，如图 3-37 所示。

命令：ARC（绘制弧线）

指定圆弧的起点或 [圆心（C）]：（指定起始点位置）

指定圆弧的第二个点或 [圆心（C）/端点（E）]：（指定中间点位置）

指定圆弧的端点：（指定终点位置）

命令：MIRROR （生成对称弧线）

找到 1 个（选择弧线）

指定镜像线的第一点：

指定镜像线的第二点：

要删除源对象吗？[是(Y)/否(N)] <N>：N（输入 N）

图 3-36　建立 3 个等八边形

图 3-37　绘制 2 条弧线

④ 利用阵列（ARRAY）功能（环形阵列），将梭形弧线造型进行环形方向阵列，生成全部梭形图形。如图 3-38 所示。

命令：ARRAY

选择对象：找到 1 个

选择对象：

输入阵列类型 [矩形(R)/路径(PA)/极轴(PO)] <极轴>：PO

类型 = 极轴 关联 = 是

指定阵列的中心点或 [基点(B)/旋转轴(A)]：

输入项目数或 [项目间角度(A)/表达式(E)] <4>：8

指定填充角度(+=逆时针，-=顺时针)或 [表达式(EX)] <360>：360

按 Enter 键接受或 [关联(AS)/基点(B)/项目(I)/项目间角度(A)/填充角度(F)/行(ROW)/层(L)/旋转项目(ROT)/退出(X)]<退出>：

图 3-38 阵列生成全部梭形

⑤ 按上述相同方法，绘制梭形夹角处的弧线，如图 3-39 所示。最后即可完成该复合平面图形绘制。

图 3-39 绘制夹角处弧线

第**4**章

机械设计CAD图形修改和编辑基本方法

本章将详细阐述使用AutoCAD进行机械设计绘图中的CAD图形修改和编辑功能基本方法，包括删除、复制、移动、旋转、镜像和剪切等各种操作。AutoCAD的编辑修改功能与其绘图功能一样强大，使用方便，用途广泛，是机械设计绘图及文件制作的好帮手。

4.1 机械设计CAD图形常用编辑与修改方法 <<<

4.1.1 删除和复制图形

（1）删除图形

删除编辑功能的AutoCAD命令为ERASE（简写形式为E）。启动删除命令可以通过以下三种方式。

① 打开【修改】下拉菜单选择【删除】命令选项。

② 单击"修改"工具栏上的"删除"命令图标。

③ 在"命令:"命令行提示下直接输入ERASE或E命令。

选择图形对象后，按"Delete"键同样可以删除图形对象，作用与ERASE一样。以在"命令:"直接输入ERASE或E命令为例，说明删除编辑功能的使用方法，如图4-1所示。

图4-1 删除编辑功能

命令：ERASE（执行删除编辑功能）

选择对象：找到 1 个（依次选择要删除的图线）

选择对象：找到 1 个，总计 2 个

选择对象：找到 1 个，总计 3 个

选择对象：（回车，图形的一部分被删除）

（2）复制图形

要获得相同的图形对象，可以复制生成。复制编辑功能的 AutoCAD 命令为 COPY（简写形式为 CO 或 CP）。启动复制命令可以通过以下三种方式。

a. 打开【修改】下拉菜单选择【复制】命令选项。

b. 单击"修改"工具栏上的"复制"命令图标。

c. 在"命令:"命令行提示下直接输入 COPY 或 CP 命令。

复制编辑操作有两种方式，即只复制一个图形对象和复制多个图形对象。以在"命令:"直接输入 COPY 或 CP 命令为例，说明复制编辑功能的使用方法，如图 4-2 所示。

有五个副本在线性阵列中

在基点和第二个点之间有五个副本布满在线性阵列中

（a）单一复制图形　　　　　　　　　　（b）使用阵列多个复制

图 4-2　复制图形

① 命令: COPY（进行图形对象单一复制）

选择对象：找到 1 个

选择对象：

当前设置：复制模式 = 多个

指定基点或 [位移(D)/模式(O)] <位移>:

指定第二个点或 [阵列(A)] <使用第一个点作为位移>:

指定第二个点或 [阵列(A)/退出(E)/放弃(U)] <退出>:

……

指定第二个点或 [阵列(A)/退出(E)/放弃(U)] <退出>:

② 命令：COPY（进行图形对象阵列复制）

选择对象：找到 1 个（选择图形）

选择对象：（回车）

当前设置：复制模式 = 多个

指定基点或 [位移(D)/模式(O)] <位移>:（指定复制图形起点位置）

指定第二个点或 [阵列(A)] <使用第一个点作为位移>:（进行复制，指定复制图形复

制点位置）

指定第二个点或［阵列(A)/退出(E)/放弃(U)］<退出>：a（输入 A 指定在线性阵列中排列的副本数量，确定阵列相对于基点的距离和方向。默认情况下，阵列中的第一个副本将放置在指定的位移；其余的副本使用相同的增量位移放置在超出该点的线性阵列中）

输入要进行阵列的项目数：5

指定第二个点或［布满(F)］：

指定第二个点或［阵列(A)/退出(E)/放弃(U)］<退出>：

指定第二个点或［阵列(A)/退出(E)/放弃(U)］<退出>：（回车）

4.1.2 镜像和偏移图形

（1）镜像图形

镜像编辑功能的 AutoCAD 命令为 MIRROR（简写形式为 MI）。镜像生成的图形对象与原图形对象呈某种对称关系（如左右对称、上下对称）。启动 MIRROR 命令可以通过以下三种方式。

① 打开【修改】下拉菜单选择【镜像】命令选项。

② 单击"修改"工具栏上的"镜像"命令图标。

③ 在"命令:"命令行提示下直接输入 MIRROR 或 MI 命令。

镜像编辑操作有两种方式，即镜像后将源图形对象删除和镜像后将源图形对象保留。以在"命令:"直接输入 MIRROR 或 MI 命令为例，说明镜像编辑功能的使用方法，如图 4-3 所示。

命令：MIRROR（进行镜像得到一个对称部分）

选择对象：找到 21 个(选择图形)

选择对象：（回车）

指定镜像线的第一点：（指定镜像第一点位置）

指定镜像线的第二点：（指定镜像第二点位置）

要删除源对象吗？［是(Y)/否(N)］<N>：N（输入 N 保留原有图形，输入 Y 删除原有图形）

图 4-3　不同方向镜像图形

（2）偏移图形

偏移编辑功能主要用来创建平行的图形对象，其命令为 OFFSET（简写形式为 O）。启动 OFFSET 命令可以通过以下三种方式。

① 打开【修改】下拉菜单选择【偏移】命令选项。

② 单击"修改"工具栏上的"偏移"命令图标。

③ 在"命令:"命令行提示下直接输入 OFFSET 或 O 命令。

以在"命令:"直接输入 OFFSET 或 O 命令为例,说明偏移编辑功能的使用方法,如图 4-4 所示。在进行偏移编辑操作时,若输入的偏移距离或指定通过点位置过大,则得到的图形将有所变化,如图 4-5 所示。

命令:OFFSET(偏移生成形状相似的图形)

当前设置:删除源=否 图层=源 OFFSETGAPTYPE=0

指定偏移距离或 [通过(T)/删除(E)/图层(L)] <0.0000>:100(输入偏移距离或指定通过点位置)

选择要偏移的对象,或 [退出(E)/放弃(U)] <退出>:(选择要偏移的图形)

指定要偏移的那一侧上的点,或 [退出(E)/多个(M)/放弃(U)] <退出>:(指定偏移方向位置)

选择要偏移的对象,或 [退出(E)/放弃(U)] <退出>:(回车结束)

偏移距离大小造成图形轮廓变化

图 4-4 偏移编辑功能   图 4-5 偏移后图形改变

4.1.3 阵列与移动图形

(1) 阵列图形

利用阵列编辑功能可以快速生成多个图形对象,其 AutoCAD 的命令为 ARRAY(简写形式为 AR)命令。启动 ARRAY 命令可以通过以下三种方式。

a. 打开【修改】下拉菜单选择【阵列】命令选项。

b. 单击"修改"工具栏上的"阵列"命令图标(可进一步选择"矩形阵列"、"环形阵列"、"路径阵列")。

c. 在"命令:"命令行提示下直接输入 ARRAY 或 AR 命令。

执行 ARRAY 命令后,AutoCAD 可以按矩形阵列图形对象、按路径阵列图形对象或按环形阵列图形对象。

以在"命令:"直接输入 ARRAY 或 AR 命令为例,说明阵列编辑功能的使用方法。

① 进行环形阵列(极轴可以使用 ARRAYPOLAR 功能命令)图形,如图 4-6 所示。

命令:ARRAY 或 ARRAYPOLAR

选择对象:找到 1 个

选择对象:

输入阵列类型 [矩形(R)/路径(PA)/极轴(PO)] <极轴>:po

类型 = 极轴 关联 = 是

指定阵列的中心点或 [基点(B)/旋转轴(A)]:

输入项目数或 ［项目间角度(A)／表达式(E)］ <4>: 8

指定填充角度(+=逆时针、-=顺时针)或 ［表达式(EX)］ <360>:360

按 Enter 键接受或 ［关联(AS)／基点(B)／项目(I)／项目间角度(A)／填充角度(F)／行(ROW)／层(L)／旋转项目(ROT)／退出(X)］ <退出>:（回车）

图 4-6　环形（极轴）阵列图形

② 进行路径阵列(可以使用 **ARRAYPATH** 功能命令)图形，如图 4-7 所示。

命令:ARRAYPATH

选择对象: 指定对角点: 找到 14 个

选择对象:

类型 = 路径　关联 = 是

选择路径曲线:

输入沿路径的项数或 ［方向(O)／表达式(E)］ <方向>: 6

指定沿路径的项目之间的距离或 ［定数等分(D)／总距离(T)／表达式(E)］ <沿路径平均定数等分(D)>: D

按 Enter 键接受或 ［关联(AS)／基点(B)／项目(I)／行(R)／层(L)／对齐项目(A)／Z方向(Z)／退出(X)］ <退出>:

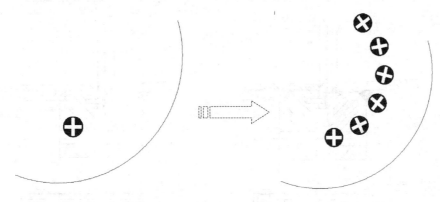

图 4-7　路径阵列

③ 进行矩形阵列（可以使用 **ARRAYRECT** 功能命令）图形，如图 4-8 示意。

命令: ARRAYRECT

选择对象: 指定对角点: 找到 14 个

选择对象：

类型 = 矩形　关联 = 是

为项目数指定对角点或 [基点(B)/角度(A)/计数(C)] <计数>：c

输入行数或 [表达式(E)] <4>：4

输入列数或 [表达式(E)] <4>：3

指定对角点以间隔项目或 [间距(S)] <间距>：200

按 Enter 键接受或 [关联(AS)/基点(B)/行(R)/列(C)/层(L)/退出(X)] <退出>：

图 4-8　矩形阵列

（2）移动图形

移动编辑功能的 AutoCAD 命令为 MOVE（简写形式为 M）。启动 MOVE 命令可以通过以下三种方式。

① 打开【修改】下拉菜单选择【移动】命令选项。

② 单击"修改"工具栏上的"移动"命令图标。

③ 在"命令:"命令行提示下直接输入 MOVE 或 M 命令。

以在"命令:"直接输入 MOVE 或 M 命令为例，说明移动编辑功能的使用方法，如图 4-9 所示。

（a）移动进行中　　　　　　　　　　　　（b）移动结果

图 4-9　移动图形

命令：MOVE（移动命令）

选择对象：指定对角点：找到 22 个（选择对象）

选择对象：（回车）

指定基点或 [位移(D)] <位移>：（指定移动基点位置）

指定第二个点或 <使用第一个点作为位移>：（指定移动位置）

4.1.4 旋转与拉伸图形

(1) 旋转图形

旋转编辑功能的 AutoCAD 命令为 ROTATE（简写形式为 RO）。启动 ROTATE 命令可以通过以下三种方式。

① 打开【修改】下拉菜单选择【旋转】命令选项。

② 单击"修改"工具栏上的"旋转"命令图标。

③ 在"命令:"命令行提示下直接输入 ROTATE 或 RO 命令。

输入旋转角度若为正值（+），则对象逆时针旋转。输入旋转角度若为负值（—），则对象顺时针旋转。以在"命令:"直接输入 ROTATE 或 RO 命令为例，说明旋转编辑功能的使用方法，如图 4-10 所示。

命令：ROTATE（将图形对象进行旋转）

UCS 当前的正角方向：ANGDIR=逆时针 ANGBASE=0

选择对象：找到 1 个（选择图形）

选择对象：（回车）

指定基点：（指定旋转基点）

指定旋转角度，或 [复制(C)/参照(R)] <0>：60（输入旋转角度为负值按顺时针旋转，若输入为正值则按逆时针旋转）

图 4-10 旋转图形

(2) 拉伸图形

拉伸编辑功能的 AutoCAD 命令为 STRETCH（简写形式为 S）。启动 STRETCH 命令可以通过以下三种方式。

① 打开【修改】下拉菜单选择【拉伸】命令选项。

② 单击"修改"工具栏上的"拉伸"命令图标。

③ 在"命令:"命令行提示下直接输入 STRETCH 或 S 命令。

以在"命令:"直接输入 STRETCH 或 S 命令为例，说明拉伸编辑功能的使用方法，拉伸图形时常常使用穿越方式选择图形比较方便，如图 4-11 所示。

命令：STRETCH（将图形对象进行拉伸）

以交叉窗口或交叉多边形选择要拉伸的对象...

选择对象：指定对角点：找到 1 个（以穿越方式选择图形）

选择对象：（回车）

指定基点或［位移(D)］<位移>：（指定拉伸基点）

指定第二个点或 <使用第一个点作为位移>：(指定拉伸位置点)

图 4-11　拉伸图形

4.1.5　分解与打断图形

（1）分解图形

AutoCAD 提供了将图形对象分解的功能命令 EXPLODE（简写形式为 X）。EXPLODE 命令可以将多段线、多行线、图块、填充图案和标注尺寸等从创建时的状态转换或化解为独立的对象。许多图形无法编辑修改时，可以试一试分解功能命令，或许会有帮助。但图形分解保存退出文件后不能复原。注意若线条是具有一定宽度的多段线，分解后宽度为默认的 0 宽度线条。

启动 EXPLODE 命令可以通过以下三种方式。

① 打开【修改】下拉菜单中的【分解】命令。

② 单击"修改"工具栏上的"分解"图标按钮。

③ 在"命令:"提示符下输入 EXPLODE 或 X 并回车。

按上述方法激活 EXPLODE 命令后，AutoCAD 操作提示如下，如图 4-12 所示。

命令：EXPLODE

选择对象：指定对角点：找到 1 个（选择多段线）

选择对象：（选择要分解的多段线对象，回车后选中的多段线对象将被分解成多个直线段）

图 4-12　分解图形对象

（2）打断图形

打断编辑功能的 AutoCAD 命令为 BREAK（简写形式为 BR）。启动 BREAK 命令可以通过以下三种方式。

① 打开【修改】下拉菜单选择【打断】命令选项。

② 单击"修改"工具栏上的"打断"命令图标。

③ 在"命令:" 命令行提示下直接输入 BREAK 或 BR 命令。

以在"命令:"直接输入 BREAK 或 BR 命令为例，说明打断编辑功能的使用方法，如图 4-13 所示。

命令：BREAK （将图形对象打断）

选择对象： （选择对象）

指定第二个打断点 或 [第一点(F)]： （指定第二点位置或回车指定第一点）

图 4-13　打断编辑功能

4.1.6　修剪与延伸图形

（1）修剪图形

修剪编辑功能的 AutoCAD 命令为 TRIM（简写形式为 TR）。启动 TRIM 命令可以通过以下三种方式。

① 打开【修改】下拉菜单选择【修剪】命令选项。

② 单击"修改"工具栏上的"修剪"命令图标。

③ 在"命令:" 命令行提示下直接输入 TRIM 或 TR 命令。

以在"命令:"直接输入 TRIM 或 TR 命令为例，说明修剪编辑功能的使用方法，如图 4-14 所示。

图 4-14　修剪图形

命令：TRIM（对图形对象进行修剪）

当前设置：投影=UCS，边=无

选择剪切边...

选择对象或 <全部选择>：找到 1 个（选择修剪边界）

选择对象：（回车）

选择要修剪的对象，或按住 Shift 键选择要延伸的对象，或

[栏选(F)/窗交(C)/投影(P)/边(E)/删除(R)/放弃(U)]：（选择修剪对象）

选择要修剪的对象，或按住 Shift 键选择要延伸的对象，或

[栏选(F)/窗交(C)/投影(P)/边(E)/删除(R)/放弃(U)]：（回车）

（2）延伸图形

延伸编辑功能的 AutoCAD 命令为 EXTEND（简写形式为 EX）。启动 EXTEND 命令可以通过以下三种方式。

① 打开【修改】下拉菜单选择【延伸】命令选项。

② 单击"修改"工具栏上的"延伸"命令图标。

③ 在"命令:"命令行提示下直接输入 EXTEND 或 EX 命令。

以在"命令:"直接输入 EXTEND 或 EX 命令为例，说明延伸编辑功能的使用方法，如图 4-15 所示。

命令：EXTEND（对图形对象进行延伸）

当前设置：投影=UCS，边=无

选择边界的边...

选择对象或 <全部选择>：找到 1 个（选择延伸边界）

选择对象：（回车）

选择要延伸的对象，或按住 Shift 键选择要修剪的对象，或

[栏选(F)/窗交(C)/投影(P)/边(E)/放弃(U)]：（选择延伸对象）

选择要延伸的对象，或按住 Shift 键选择要修剪的对象，或

[栏选(F)/窗交(C)/投影(P)/边(E)/放弃(U)]：（回车）

图 4-15 延伸图形

4.1.7 图形倒角与圆角

（1）图形倒角

倒角编辑功能的 AutoCAD 命令为 CHAMFER（简写形式为 CHA）。启动 CHAMFER 命令可以通过以下三种方式。

① 打开【修改】下拉菜单选择【倒角】命令选项。

② 单击"修改"工具栏上的"倒角"命令图标。

③ 在"命令:"命令行提示下直接输入 CHAMFER 或 CHA 命令。

以在"命令:"直接输入 CHAMFER 或 CHA 命令为例,说明倒直角编辑功能的使用方法,如图 4-16 所示。

图 4-16 图形倒角

若倒直角距离太大,则不能进行倒直角编辑操作。倒角距离可以相同,也可以不相同,根据图形需要设置;当 2 条线段还没有相遇在一起,设置倒角距离为 0,则执行倒直角编辑后将延伸直至二者重合。如图 4-17 所示。

(a) 倒角距离

(b) 不同倒角距离

图 4-17 图形倒角修改效果

命令: CHAMFER (对图形对象进行倒角)

("修剪"模式) 当前倒角距离 1 = 0.0000, 距离 2 = 0.0000

选择第一条直线或 [放弃 (U) / 多段线 (P) / 距离 (D) / 角度 (A) / 修剪 (T) / 方式 (E) / 多个 (M)]: D (输入 D 设置倒直角距离大小)

指定第一个倒角距离 <0.0000>: 500 (输入第 1 个距离)

指定第二个倒角距离 <0.0000>:500 (输入第 2 个距离)

选择第一条直线或 [放弃(U)/多段线(P)/距离(D)/角度(A)/修剪(T)/方式(E)/多个(M)]: (选择第一条倒直角对象边界)

选择第二条直线, 或按住 Shift 键选择要应用角点的直线: (选择第二条倒直角对象边界)

(2) 图形圆角

倒圆角编辑功能的 AutoCAD 命令为 FILLET (简写形式为 F)。启动 FILLET 命令可以通过以下三种方式。

① 打开【修改】下拉菜单选择【圆角】命令选项。

② 单击 "修改" 工具栏上的 "圆角" 命令图标。

③ 在 "命令:" 命令行提示下直接输入 FILLET 或 F 命令。

以在 "命令:" 直接输入 FILLET 或 F 命令为例, 说明倒圆角编辑功能的使用方法, 如图 4-18 所示。若倒圆角半径大小太大, 则不能进行倒圆角编辑操作。当两条线段还没有相遇在一起, 设置倒角半径为 0, 执行倒圆角编辑后将延伸直至二者重合。如图 4-19 所示。

图 4-18 图形倒圆角

(a) 倒圆角半径大小

编辑操作前的图形　　进行倒圆角编辑 倒角半径为0　　进行倒圆角编辑 倒角半径为50

(b) 不同倒角半径

图 4-19 图形倒圆角修改

命令：FILLET（对图形对象进行倒圆角）

当前设置：模式 = 修剪，半径 = 0.0000

选择第一个对象或 [放弃(U)/多段线(P)/半径(R)/修剪(T)/多个(M)]：R（输入 R 设置倒圆角半径大小）

指定圆角半径 <0.0000>：900（输入半径大小）

选择第一个对象或 [放弃(U)/多段线(P)/半径(R)/修剪(T)/多个(M)]：选择第一条倒圆角对象边界）

选择第二个对象，或按住 Shift 键选择要应用角点的对象：（选择第二条倒圆角对象边界）

4.1.8　缩放（放大与缩小）图形

放大与缩小（即缩放）编辑功能的 AutoCAD 命令均为 SCALE（简写形式为 SC）。启动 SCALE 命令可以通过以下三种方式。

① 打开【修改】下拉菜单选择【缩放】命令选项。

② 单击"修改"工具栏上的"缩放"命令图标。

③ 在"命令:"命令行提示下直接输入 SCALE 或 SC 命令。

所有图形在同一操作下是等比例进行缩放的。输入缩放比例小于 1（如 0.6），则对象被缩小相应倍数。输入缩放比例大于 1（如 2.6），则对象被放大相应倍数。以在"命令:"直接输入 SCALE 或 SC 命令为例，说明缩放编辑功能的使用方法，如图 4-20 所示。

命令：SCALE（等比例缩放）

选择对象：找到 1 个（选择图形）

选择对象：（回车）

指定基点：（指定缩放基点）

指定比例因子或 [复制(C)/参照(R)] <1.5000>：2（输入缩放比例）

图 4-20　缩放图形

4.1.9　拉长图形

拉长编辑功能的 AutoCAD 命令均为 LENGTHEN（简写形式为 LEN），可以将更改指定为百分比、增量或最终长度或角度，使用 LENGTHEN 即使用 TRIM 和 EXTEND 其中之一。此功能命令仅适用于 LINE 或 ARC 绘制的线条，对 PLINE、SPLINE 绘制的线条不能使用。启动 SCALE 命令可以通过以下三种方式。

① 打开【修改】下拉菜单选择【拉长】命令选项。

② 单击"修改"工具栏上的"拉长"命令图标。

③ 在"命令:" 命令行提示下直接输入 LENGTHEN 或 LEN 命令。

所有图形输入数值小于 1, 则对象被缩短相应倍数; 输入数值大于 1, 则对象被拉长相应倍数。以在"命令:"直接输入 LENGTHEN 或 LEN 命令为例, 说明拉长编辑功能的使用方法, 如图 4-21 所示。

图 4-21　拉长图形

图 4-22　拉长图形方向

命令: LENGTHEN (拉长图形)

选择对象或 ［增量(DE)/百分数(P)/全部(T)/动态(DY)］: P (指定为百分比)

输入长度百分数 <0.0000>: 200

选择要修改的对象或 ［放弃(U)］: (选择要修改的图形)

选择要修改的对象或 ［放弃(U)］:

……

选择要修改的对象或 ［放弃(U)］: (回车)

另外, 单击方向与拉长或缩短方向有关, 单击线段那端则向该端方向拉长或缩短, 如图 4-22 所示。

4.2　图形其他编辑和修改方法

除了复制、偏移、移动和修剪等基本编辑修改功能外, AutoCAD 提供了一些特殊的编辑与修改图形方法, 包括多段线和样条曲线的编辑、取消和恢复操作步骤、对象属性的编辑等方法。

4.2.1　放弃和重做 (取消和恢复) 操作

在绘制或编辑图形时, 常常会遇到错误或不合适的操作要取消或者想返回到前面的操作步骤状态中。AutoCAD 提供了几个相关的功能命令, 可以实现前面的绘图操作要求。

(1) 逐步取消操作 (U)

U 命令的功能是取消前一步命令操作及其所产生的结果, 同时显示该次操作命令的名称。启动 U 命令可以通过以下几种方式。

① 打开【编辑】下拉菜单选择【放弃 (U) "***"】命令选项, 其中"***"代表前一步

操作功能命令。

② 单击"标准"工具栏上的"放弃"命令图标。

③ 在"命令:"命令行提示下直接输入 U 命令。

④ 使用快捷键【Ctrl】+【Z】。

按上述方法执行 U 命令后即可取消前一步命令操作及其所产生的结果,若继续按【Enter】按键,则会逐步返回到操作刚打开(开始)时的图形状态。以在"命令:"直接输入 U 命令为例,说明 U 命令编辑功能的使用方法,如图 4-23 所示。

图 4-23　U 命令编辑功能

命令:U

RECTANG

(2) 限次取消操作(UNDO)

UNDO 命令的功能与 U 基本相同,主要区别在于 UNDO 命令可以取消指定数量的前面一组命令操作及其所产生的结果,同时也显示有关操作命令的名称。启动 UNDO 命令可以通过在"命令:"命令行提示下直接输入 UNDO 命令。

执行 UNDO 命令后,AutoCAD 提示:

命令:UNDO

当前设置: 自动 = 开,控制 = 全部,合并 = 是,图层 = 是

输入要放弃的操作数目或 [自动(A)/控制(C)/开始(BE)/结束(E)/标记(M)/后退(B)] <1>: 2

GROUP ERASE

(3) 恢复操作(REDO)

REDO 功能命令允许恢复上一个 U 或 UNDO 所作的取消操作。要恢复上一个 U 或 UNDO 所作的取消操作,必须在该取消操作进行后立即执行,即 REDO 必须在 U 或 UNDO 命令后立即执行。

启动 REDO 命令可以通过以下几种方式。

① 打开【编辑】下拉菜单选择【重做(R)***】命令选项,其中"***"代表前一步取消的操作功能命令。

② 单击"标准"工具栏上的"重做"命令图标。

③ 在"命令:"命令行提示下直接输入 REDO 命令。

④ 使用快捷键【Ctrl】+【Y】。

4.2.2　对象特性的编辑和特性匹配

(1) 编辑对象特性

对象特性是指图形对象所具有的全部特点和特征参数,包括颜色、线型、尺寸大小、角度、质量和重心等一系列性质。属性编辑功能的 AutoCAD 命令为 PROPERTIES(简写形式为 PROPS)。启动 PROPERTIES 命令可以通过以下几种方式。

① 打开【修改】下拉菜单选择【特性】命令选项。

② 单击"标准"工具栏上的"特性"命令图标。

③ 在"命令:"命令行提示下直接输入 PROPERTIES 命令。

④ 使用快捷键【Ctrl】+【1】。

⑤ 选择图形对象后单击鼠标右键，在屏幕上弹出的快捷菜单中选择特性（Properties）命令选项。

按上述方法执行属性编辑功能命令后，AutoCAD 将弹出 Properties 对话框，如图 4-24 所示。在该对话框中，可以单击要修改的属性参数所在行的右侧，直接进行修改或在出现的一个下拉菜单选择需要的参数，如图 4-25 所示。可以修改的参数包括颜色、图层、线型、线型比例、线宽、坐标和长度、角度等各项相关指标。

图 4-24 Properties 对话框

图 4-25 修改参数（颜色）

（2）特性匹配

特性匹配是指将所选图形对象的属性复制到另外一个图形对象上，使其具有相同的某些参数特征。特性匹配编辑功能的 AutoCAD 命令为 MATCHPROP（简写形式为 MA）。启动 MATCHPROP 命令可以通过以下三种方式。

① 打开【修改】下拉菜单选择【特性匹配】命令选项。

② 单击"标准"工具栏上的"特性匹配"命令图标。

③ 在"命令:"命令行提示下直接输入 MATCHPROP 命令。

执行该命令后，光标变为一个刷子形状，使用该刷子即可进行特性匹配，包括改变为相同的线型、颜色、字高、图层等。

以在"命令:"直接输入 MATCHPROP 命令为例，说明特性匹配编辑功能的使用方法，如图 4-26 所示。

图 4-26 进行特性匹配（文字）

命令：MATCHPROP（特性匹配）

当前活动设置：颜色 图层 线型 线型比例 线宽 厚度 打印样式 文字 标注 填充图案

选择目标对象或 [设置(S)]：（使用该刷子选择源特性匹配图形对象）

选择目标对象或 [设置(S)]：（使用该刷子即可进行特性匹配）

......

选择目标对象或 [设置(S)]：（回车）

4.2.3　多段线和样条曲线的编辑

多段线和样条曲线编辑修改，需使用其专用编辑命令。

（1）多段线编辑修改

多段线专用编辑命令是 PEDIT，启动 PEDIT 编辑命令可以通过以下四种方式。

① 打开【修改】下拉菜单中的【对象】子菜单，选择其中的【多段线】命令。

② 单击"修改 Ⅱ"工具栏上的"编辑多段线"按钮。

③ 在"命令:"命令提示行下直接输入命令 PEDIT。

④ 用鼠标选择多段线后，在绘图区域内单击鼠标右键，然后在弹出的快捷菜单上选择多段线命令。

以在"命令:"直接输入 PEDIT 命令为例，说明多段线的编辑修改方法，如图 4-27 所示。

命令：PEDIT（输入编辑命令）

选择多段线或 [多条(M)]：（选择多段线）

输入选项 [闭合(C)/合并(J)/宽度(W)/编辑顶点(E)/拟合(F)/样条曲线(S)/非曲线化(D)/线型生成(L)/反转(R)/放弃(U)]：W(输入 W 编辑宽度)

指定所有线段的新宽度：150（输入宽度）

输入选项 [闭合(C)/合并(J)/宽度(W)/编辑顶点(E)/拟合(F)/样条曲线(S)/非曲线化(D)/线型生成(L)/反转(R)/放弃(U)]：（回车）

图 4-27　多段线编辑　　　　　　　图 4-28　样条曲线编辑

（2）样条曲线编辑修改

样条曲线专用编辑命令是 SPLINEDIT，启动 SPLINEDIT 编辑命令可以通过以下四种方式。

① 打开【修改】下拉菜单中的【对象】子菜单，选择其中的【样条曲线】命令。

② 单击"修改 Ⅱ"工具栏上的"编辑样条曲线"按钮。

③ 在"命令:"提示下输入命令 SPLINEDIT。

④ 用鼠标选择多段线后，在绘图区域内单击鼠标右键，然后在弹出的快捷菜单上选择

样条曲线命令。

以在"命令:"直接输入 SPLINEDIT 命令为例，说明样条曲线的编辑修改方法，如图 4-28 所示。

命令：SPLINEDIT（编辑样条曲线）

选择样条曲线：（选择样条曲线图形）

输入选项 [拟合数据(F)/闭合(C)/移动顶点(M)/优化(R)/反转(E)/转换为多段线 (P)/放弃(U)]：P（输入 P 转换为多段线）

指定精度 <99>：0

4.2.4　多线的编辑

多线专用编辑命令是 MLEDIT，启动 MLEDIT 编辑命令可以通过以下两种方式。

a. 打开【修改】下拉菜单中的【对象】子菜单，选择其中的【多线】命令。

b. 在"命令:"提示下输入命令 MLEDIT。

按上述方法执行 MLEDIT 编辑命令后，AutoCAD 弹出一个多线编辑工具对话框，如图 4-29 所示。若单击其中的一个图标，则表示使用该种方式进行多线编辑操作。

以在"命令:"直接输入 MLEDIT 命令为例，说明多行线的编辑修改方法。

① 十字交叉多行线编辑。单击对话框中的十字打开图标，如图 4-30 所示。

命令：mledit

选择第一条多线：

选择第二条多线：

选择第一条多线或 [放弃(U)]：

图 4-29　多线编辑工具对话框

图 4-30　十字交叉多行线编辑

② T 形交叉多行线编辑。单击对话框中的 T 形闭合图标，如图 4-31 所示。

命令：mledit

选择第一条多线：

选择第二条多线：

选择第一条多线或 [放弃(U)]：

③ 多行线的角点和顶点编辑。单击对话框中的角点结合图标，如图 4-32 所示。

命令：mledit

选择第一条多线：

选择第二条多线：

选择第一条多线或［放弃(U)］：

图 4-31　T 形闭合　　　　　　　　　　　　　图 4-32　角点结合

4.2.5　图案的填充与编辑方法

图案的填充功能是指某种有规律的图案填充到其他图形整个或局部区域中，所使用的填充图案一般为 AutoCAD 系统提供，也可以建立新的填充图案，如图 4-33 所示。图案主要用来区分工程的部件或表现组成对象的材质，可以使用预定义的填充图案，用当前的线型定义简单直线图案，或者创建更加复杂的填充图案。图案的填充功能 AutoCAD 命令包括 BHATCH、HATCH，二者功能相同。

图 4-33　填充图案

（1）图案填充功能及使用

启动图案填充功能命令可以通过以下三种方式。

a. 打开【绘图】下拉菜单中的【图案填充】命令。

b. 单击"绘图"工具栏上的"图案填充"按钮。

c. 在"命令:"提示下输入命令 HATCH 或 BHATCH。

按上述方法执行图案填充命令后，AutoCAD 弹出一个图案填充和渐变色对话框，如图 4-34 所示，在该对话框可以进行定义边界、图案类型、图案比例、图案角度和图案特性以及定制填充图案等参数设置操作。使用该对话框就可以实现对图形进行图案操作。下面结合图 4-35 所示的图形作为例子，说明有关参数设置和使用方法。

图 4-34 图案填充和渐变色对话框

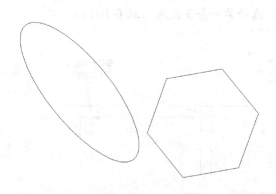

图 4-35 进行图案填充图形

在进行填充操作时，填充区域的边界必须是封闭的，否则不能进行填充或填充结果错误。

以在"命令:"直接输入 HATCH 命令，及如图 4-35 所示的多边形、椭圆形等图形为例，说明对图形区域进行图案填充的方法。

① 在"命令:"提示下输入命令 HATCH。

② 在图案填充和渐变色对话框中选择"图案填充"选项，再在"类型与图案"栏下，单击图案右侧的三角图标选择填充图形的名称，或单击右侧的省略号（…）图标，弹出"填充图案选项板"对话框，根据图形的直观效果选择要填充图案类型，单击"确定"，如图 4-36 所示。

③ 返回前一步"图案填充和渐变色"对话框，单击右上角边界栏下"添加：拾取点"或"添加：选择对象"图标，AutoCAD 将切换到图形屏幕中，在屏幕上选取图形内部任一位置点或选择图形，该图形边界线将变为虚线，表示该区域已选中，然后按下【Enter】键返回对话框，如图 4-37 所示。也可以逐个选择图形对象的边，如图 4-38 所示。

图 4-36 选择填充图形

图 4-37 点取选择对象

④ 接着在"图案填充和渐变色"对话框中，在"角度和比例"栏下，设置比例、角度等参数，以此控制所填充的图案的密度大小、与水平方向的倾角大小。角度、比例可以直接输入需要的数字，如图 4-39 所示。

⑤ 设置关联特性参数。在对话框选项栏下，选择勾取关联或不关联，如图 4-40 所示。

关联或不关联是指所填充的图案与图形边界线的相互关系的一种特性。若拉伸边界线时，所填充的图形随之紧密变化，则属于关联，反之为不关联。如图 4-41 所示。

图 4-38　选取图形边界线

图 4-39　设置角度、比例参数

图 4-40　设置关联特性

原图形及图案　　图案随图形边界调整　　图案不随图形边界调整　　图形边界调整

图 4-41　关联的作用示意

⑥ 单击"确定"确认进行填充，完成填充操作，如图 4-42 所示。对两个或多个相交图形的区域，无论其如何复杂，均可以使用与上述一样的方法，直接使用鼠标选取要填充图案的区域即可，其他参数设置完全一样，如图 4-43 所示。若填充区域内有文字时，在选择该区域进行图案填充，所填充的图案并不穿越文字，文字仍清晰可见。也可以使用"选择对象"分别选取边界线和文字，其图案填充效果一致，如图 4-44 所示。

图 4-42　完成填充操作

图 4-43　直接选取区域

（a）图案穿越文字

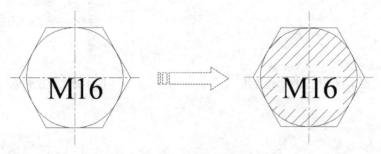

（b）图案不穿越文字

图 4-44   图案与文字关系

（2）编辑图案填充

编辑图案填充的功能是指修改填充图案的一些特性，包括其造型、比例、角度和颜色等。其 AutoCAD 命令为 HATCHEDIT。

启动 HATCHEDIT 编辑命令可以通过以下三种方式：

① 打开【修改】下拉菜单中的【对象】命令选项，在子菜单中选择【图案填充】命令。

② 单击"修改 II"工具栏上的"编辑图案填充"按钮。

③ 在"命令:"提示下输入命令 HATCHEDIT。

按上述方法执行 HATCHEDIT 编辑命令后，AutoCAD 要求选择要编辑的填充图案，然后弹出一个对话框，如图 4-45 所示，在该对话框可以进行定义边界、图案类型、图案比例、图案角度和图案特性以及定制填充图案等参数修改，其操作方法与进行填充图案操作是一致的。填充图案经过编辑后，如图 4-46 所示。

图 4-45   填充图案编辑对话框

图 4-46   填充图案编辑

4.3　图块功能与编辑

　　将某个元素或多个元素组成的图形对象定制为一个整体图形,该整体图形即是 AutoCAD 中的图块。图块具有自己的特性,此外组成其中的各个对象有自己的图层、线型和颜色等特性。可以对图块进行复制、旋转、删除和移动等编辑修改操作。图块的作用主要是避免许多重复性的操作,提高设计与绘图效率和质量。

4.3.1　创建图块

　　AutoCAD 创建图块的功能命令是 BLOCK。启动 BLOCK 命令可以通过以下三种方式。

　　① 打开【绘图】下拉菜单中的【块】子菜单,选择其中的【创建】命令。

　　② 单击"绘图"工具栏上的"创建块"图标按钮。

　　③ 在"命令:"提示符下输入 BLOCK 并回车。

　　按上述方法激活 BLOCK 命令后,AutoCAD 系统弹出块定义对话框。在该对话框中的名称栏下输入图块的名称"jx",如图 4-47 所示。接着在对象栏下单击选择对象图标,单击该图标后系统切换到图形屏幕上,AutoCAD 要求选择图形,可以使用光标直接选取图形,回车后该图形将加入到图块中,如图 4-48 所示。

图 4-47　块定义对话框

图 4-48　选取图形

　　选择图形对象后按下【Enter】系统将切换到对话框中,在基点栏下单击拾取点图标,指定该图块插入点的位置,也可以在其下面的 X、Y、Z 空白栏中直接输入坐标点(X、Y、Z)。图块插入点的位置为在绘图时插入该图块的基准点和图块的旋转与缩放基点。AutoCAD 默认的基点是坐标系的原点。单击该图标后系统切换到图形屏幕上,AutoCAD 要求选择图块插入点的位置。可以使用光标直接选取位置点,回车确认后将返回块定义对话框中,如图 4-49 所示。

　　此外在该对话框中,可以为图块设置一个预览图标,并保存在图块中。同时可以设置图块的尺寸单位(毫米、厘米等),如图 4-50 所示。

　　最后单击确定按钮完成图块的创建操作。该图块将保存在当前的图形中,若未保存图形,则图块也未能保存。

图 4-49　指定图块插入点　　　　　　　　　图 4-50　设置预览图标和单位

4.3.2　插入图块

(1) 插入单个图块

单个图块插入是指在图形中逐个插入图块。要在图形中插入图块，需先按前面有关论述定义图块。AutoCAD 插入图块的功能命令是 INSERT。启动 INSERT 命令可以通过以下三种方式。

① 打开【插入】下拉菜单中的【块】命令。

② 单击"插入点"工具栏上的"插入块"图标按钮。

③ 在"命令:"提示符下输入 INSERT 并回车。

按上述方法激活插入图块命令后，AutoCAD 系统弹出插入对话框。在该对话框中的名称选项区域右边选择要插入的图块名称（可以单击小三角图标打开下拉栏选择），例如前面创建的"jx"。在该对话框中还可以设置插入点、缩放比例和旋转角度等，如图 4-51 所示。

若选取各个参数下面的"在屏幕上指定"复选框，可以直接在屏幕上使用鼠标进行插入点、比例、旋转角度的控制，如图 4-52 所示。

命令:INSERT

输入 X 比例因子，指定对角点，或 [角点(C)/XYZ(XYZ)] <1>: 1.0

输入 Y 比例因子或 <使用 X 比例因子>: 1.0

图 4-51　插入图块对话框　　　　　　　　　图 4-52　插入图块

此外，可以将已有的*.dwg 图形文件作为图块插入，其插入方法与插入图块完全一致。只需单击对话框右上角的浏览图标，在弹出的选择对话框中选择图形文件后单击确定按钮确认返回，即可按前面有关论述的方法进行操作。如图 4-53 所示。

（2）多图块插入

多图块插入是指在图形中以矩形阵列形式插入多个图块。其 AutoCAD 功能命令为 MINSERT。启动 INSERT 命令可以通过在"命令:"提示符下输入 MINSERT 并回车。在进行多图块插入操作时，插入的图块是整体的。以在"命令:"直接输入 MINSERT 命令为例，说明多图块插入的方法。注意，采用多图块插入方法，得到的图形是一个整体块，各个图块不是分开的。如图 4-54 示意。

命令：MINSERT

输入块名或 [?] <jx>: jx

单位：英寸 转换：   1.0000

指定插入点或 [基点(B)/比例(S)/X/Y/Z/旋转(R)]:

输入 X 比例因子，指定对角点，或 [角点(C)/XYZ(XYZ)] <1>: 1

输入 Y 比例因子或 <使用 X 比例因子>: 1

指定旋转角度 <0>: 0

输入行数 (---) <1>: 2

输入列数 (||||) <1>: 3

输入行间距或指定单位单元 (---): 100

指定列间距 (||||): 300

图 4-53 插入图形文件

图 4-54 多图块插入

4.3.3 图块编辑

图块编辑包括写图块（WBLOCK）、图块分解（EXPLODE）和属性编辑（DDATTE、ATTEDIT）等操作。

（1）写图块

写图块（可以理解为保存）的 AutoCAD 功能命令是 WBLOCK。启动 WBLOCK 命令可以通过在"命令:"提示符下输入 WBLOCK 并回车。

激活 WBLOCK 命令后，AutoCAD 系统弹出对话框，在该对话框中的源选项栏下，可以选择块 / 整个图形 / 对象等方式的复选框，并在右侧选择已有图块 K，然后单击确定按钮即可保存该图块，图块的存储默认位置在对话框下侧的空白框，同时可以设置存储位置。如图 4-55 所示。

（a）选择块选项

（b）选择对象选项

图 4-55 写块对话框

（2）图块分解

在定义图块后，图块是一个整体，若要对图块中的某个图形元素对象进行修改，则在整体组合的图块中无法进行，为此，AutoCAD 提供了将图块分解的功能命令 EXPLODE。EXPLODE 命令可以将块、填充图案和标注尺寸从创建时的状态转换或化解为独立的对象。

启动 EXPLODE 命令可以通过以下三种方式。

① 打开【修改】下拉菜单中的【分解】命令。

② 单击"修改"工具栏上的"分解"图标按钮。

③ 在"命令:"提示符下输入 EXPLODE 并回车。

按上述方法激活 EXPLODE 命令后，AutoCAD 操作提示如下：

命令：EXPLODE

选择对象：指定对角点：找到 1 个

选择对象：（回车）

选择要分解的图块对象，回车后选中的图块对象将被分解，如图 4-56 所示。

图 4-56 分解图块

4.4 文字与尺寸标注 «««

文字与尺寸标注是图形绘制主要表达内容之一，也是 AutoCAD 绘制图形重要内容。

4.4.1　标注文字

标注文字，是工程设计图纸中不可缺少的一部分，文字与图形一起才能表达完整的设计思想。文字标注包括图形名称、注释、标题和其他图纸说明等。AutoCAD 提供了强大的文字处理功能，如可以设置文字样式、单行标注、多行标注、支持 Windows 字体、兼容中英文字体等。

（1）文字样式设置

AutoCAD 文字样式是指文字字符和符号的外观形式，即字体。AutoCAD 字体除了可以使用 Windows 操作系统的 TrueType 字体外，还有其专用字体（其扩展名为*.SHX）。AutoCAD 默认的字体为 TXT.SHX，该种字体全部由直线段构成（没有弯曲段），因此存储空间较少，但外观单一不美观。

可以通过文字样式（STYLE 命令）修改当前使用字体。启动 STYLE 命令可以通过以下三种方式。

① 打开【格式】下拉菜单选择命令【文字样式】选项。

② 单击样式工具栏上的文字样式命令图标。

③ 在"命令:"命令行提示下直接输入 STYLE 或 ST 命令。

按上述方法执行 STYLE 命令后，AutoCAD 弹出文字样式对话框，在该对话框中可以设置相关的参数，包括样式、新建样式、字体、高度和效果等，如图 4-57 所示。

图 4-57　文字样式对话框

其中在字体类型中，带@的字体表示该种字体是水平倒置的，如图 4-58 所示。此外，在字体选项栏中可以使用大字体，该种字体是扩展名为.SHX 的 AutoCAD 专用字体，如 chineset.shx、bigfont.shx 等，大字体前均带一个圆规状的符号，如图 4-59 所示。

图 4-58　带@的字体文字效果

图 4-59　AutoCAD 专用字体

（2）单行文字标注方法

单行文字标注是指进行逐行文字输入。单行文字标注功能的 AutoCAD 命令为 TEXT。启动单行文字标注 TEXT 命令可以通过以下两种方式。

① 打开【绘图】下拉菜单选择【文字】命令选项，再在子菜单中选择【单行文字】命令。

② 在 "命令:" 命令行提示下直接输入 TEXT 命令。

可以使用 TEXT 输入若干行文字，并可进行旋转、对正和大小调整。在 "输入文字" 提示下输入的文字会同步显示在屏幕中。每行文字是一个独立的对象。要结束一行并开始另一行，可在 "输入文字" 提示下输入字符后按 ENTER 键。要结束 TEXT 命令，可直接按 ENTER 键，而不用在 "输入文字" 提示下输入任何字符。通过对文字应用样式，用户可以使用多种字符图案或字体。这些图案或字体可以在垂直列中拉伸、压缩、倾斜、镜像或排列。

以在 "命令:" 直接输入 TEXT 命令为例，说明单行文字标注方法，完成文字输入后回车确认即可，如图 4-60 所示。

命令： TEXT（输入 TEXT 命令）

当前文字样式： "Standard"   文字高度： 2.5000   注释性： 否

指定文字的起点或 [对正(J)/样式(S)]:

指定高度 <2.5000>: 10

指定文字的旋转角度 <0>:

图 4-60   单行标注文字

（3）多行文字标注方法

除了使用 TEXT 进行单行文字标注外，还可以进行多行文字标注，其 AutoCAD 命令为 MTEXT。启动多行文字标注 MTEXT 命令可以通过以下三种方式。

① 打开【绘图】下拉菜单选择【文字】命令选项，再在子菜单中选择【多行文字】命令。

② 单击绘图工具栏上的多行文字命令图标。

③ 在 "命令:" 命令行提示下直接输入 MTEXT 命令。

激活 MTEXT 命令后，要求在屏幕上指定文字的标注位置，可以使用鼠标直接在屏幕上点取，如图 4-61 所示。指定文字的标注位置后，AutoCAD 弹出文字格式对话框，在该对话框中设置字形、字高、颜色等，然后输入文字，输入文字后单击 OK 按钮，文字将在屏幕上显示出来，如图 4-62 所示。

以在 "命令:" 直接输入 MTEXT 命令为例，说明多行文字标注方法。

命令： MTEXT（标注文字）

当前文字样式： "Standard"   文字高度： 10   注释性： 否

指定第一角点：（指定文字位置）

指定对角点或 [高度(H)/对正(J)/行距(L)/旋转(R)/样式(S)/宽度(W)/栏(C)]:
（指定文字对角位置，在弹出的对话框中可以设置字形、字高、颜色等，并输入文字）

Current text style: "DIM_FONT" Text height: 400

图 4-61　指定文字位置　　　　　　　　　图 4-62　输入文字

4.4.2　尺寸标注

尺寸的标注，在工程制图中同样是十分重要的内容。尺寸大小，是进行工程建设定位的主要依据。AutoCAD 提供了多种尺寸标注方法，以适应不同工程制图的需要。

AutoCAD 提供的尺寸标注形式，与工程设计实际相一致。一个完整的尺寸一般由尺寸界线、尺寸线、箭头、标注文字构成。通常以一个整体出现，如图 4-63 所示。

图 4-63　CAD 尺寸标注的构成示意

（1）尺寸样式设置

尺寸标注样式是指尺寸界线、尺寸线、箭头、标注文字等的外观形式。通过设置尺寸标注样式，可以有效地控制图形标注尺寸界线、尺寸线、箭头、标注文字的布局和外观形式。

尺寸标注样式设置的 AutoCAD 命令为 DIMSTYLE（简写形式为 DDIM）。启动尺寸标注样式 DIMSTYLE 命令可以通过以下三种方式。

① 打开【格式】下拉菜单选择【标注样式】命令选项。

② 单击标注工具栏上的标注样式命令图标。

③ 在"命令:"命令行提示下直接输入 DIMSTYLE 或 DDIM 命令。

激活 DIMSTYLE 命令后，在屏幕上弹出标注样式管理器对话框，通过该对话框，可以对尺寸线、标注文字、箭头、尺寸单位、尺寸位置和方向等尺寸样式进行部分或全部设置和修改，如图 4-64 所示。

图 4-64　标注样式及其修改选项

其中，创建新的标注样式是新定义一个标注模式；比较两个已存在的标注样式的参数及特性，二者不同之处显示出来；修改标注样式可以对当前的标注样式进行修改，包括文字位置、箭头和尺寸线长短等各种参数。其中"文字对齐"选项建议点取"与尺寸线对齐"；尺寸标注文字是否带小数点，在线性标注选项下的"精度"进行设置，如图 4-65 所示。

图 4-65　尺寸标注相关参数修改

（2）尺寸标注方法

AutoCAD 提供了多种尺寸标注方法，包括线性、对齐、坐标、半径、直径、角度等。此外还有快速尺寸标注等其他方式。

① 线性尺寸标注　线性尺寸标注的 AutoCAD 功能命令是 DIMLINEAR。启动DIMLINEAR 命令可以通过以下三种方式。

a．打开【标注】下拉菜单，选择其中的【线性】命令选项。

b．单击标注工具栏上的线性命令功能图标。

c．在命令行"命令:"提示符下输入 DIMLINEAR 并回车。

以在命令行启动 DIMLINEAR 为例，线性尺寸标注的使用方法如下所述，如图 4-66 所示。

命令: DIMLINEAR
指定第一条延伸线原点或 <选择对象>:
指定第二条延伸线原点:
创建了无关联的标注。
指定尺寸线位置或
[多行文字(M)/文字(T)/角度(A)/水平(H)/垂直(V)/旋转(R)]:
标注文字 = 158

图 4-66　线性尺寸标注样式

② 对齐尺寸标注 对齐尺寸标注是指所标注的尺寸线与图形对象相平行，其 AutoCAD 功能命令是 DIMALIGNED。启动 DIMALIGNED 命令可以通过以下三种方式。

a. 打开【标注】下拉菜单，选择其中的【对齐】命令选项。

b. 单击标注工具栏上的对齐命令功能图标。

c. 在命令行"命令:"提示符下输入 DIMALIGNED 并回车。

以在命令行启动 DIMALIGNED 为例，对齐尺寸标注的使用方法如下所述，如图 4-67 所示。

命令:DIMALIGNED

指定第一条延伸线原点或 <选择对象>:

指定第二条延伸线原点:

创建了无关联的标注。

指定尺寸线位置或

[多行文字(M)/文字(T)/角度(A)]:

标注文字 = 17

线性标注   对齐标注

图 4-67   对齐尺寸标注样式

③ 坐标尺寸标注 坐标尺寸标注是指所标注是图形对象的 X 或 Y 坐标，其 AutoCAD 功能命令是 DIMORDINATE。坐标标注沿一条简单的引线显示部件的 X 或 Y 坐标。这些标注也称为基准标注。AutoCAD 使用当前用户坐标系 (UCS) 确定测量的 X 或 Y 坐标，并且沿与当前 UCS 轴正交的方向绘制引线。按照通行的坐标标注标准，采用绝对坐标值。启动 DIMORDINATE 命令可以通过以下三种方式。

a. 打开【标注】下拉菜单，选择其中的【坐标】命令选项。

b. 单击标注工具栏上的坐标命令功能图标。

c. 在命令行"命令:"提示符下输入 DIMORDINATE 并回车。

以在命令行启动 DIMORDINATE 为例，坐标尺寸标注的使用方法如下所述，如图 4-68 所示。

命令:DIMORDINATE

指定点坐标:

指定引线端点或 [X 基准(X)/Y 基准(Y)/多行文字(M)/文字(T)/角度(A)]:

标注文字 =620

图 4-68　坐标尺寸标注样式

④ 半径尺寸标注　半径标注由一条具有指向圆或圆弧的箭头的半径尺寸线组成。如果 DIMCEN 系统变量未设置为零，AutoCAD 将绘制一个圆心标记。其 AutoCAD 功能命令是 DIMRADIUS。DIMRADIUS 根据圆或圆弧的大小、"新建标注样式"、"修改标注样式"和"替代当前样式"对话框中的选项以及光标的位置绘制不同类型的半径标注。对于水平标注文字，如果半径尺寸线的角度大于水平 15°，AutoCAD 将在标注文字前一个箭头长处绘制一条钩线，也称为弯钩或着陆。AutoCAD 测量此半径并显示前面带一个字母 R 的标注文字。

启动 DIMRADIUS 命令可以通过以下三种方式。

a. 打开【标注】下拉菜单，选择其中的【半径】命令选项。

b. 单击标注工具栏上的半径命令功能图标。

c. 在命令行 "命令:" 提示符下输入 DIMRADIUS 并回车。

以在命令行启动 DIMRADIUS 为例，半径尺寸标注的使用方法如下所述，如图 4-69 所示。

命令：DIMRADIUS

选择圆弧或圆：

标注文字 =2.5

指定尺寸线位置或 [多行文字(M)/文字(T)/角度(A)]：

图 4-69　半径尺寸标注样式

⑤ 直径尺寸标注　直径尺寸标注是根据圆和圆弧的大小、标注样式的选项设置以及光标的位置来绘制不同类型的直径标注。标注样式控制圆心标记和中心线。当尺寸线画在圆弧

或圆内部时，AutoCAD 不绘制圆心标记或中心线。其 AutoCAD 功能命令是 DIMDIAMETER。对于水平标注文字，如果直径线的角度大于水平 15° 并且在圆或圆弧的外面，那么 AutoCAD 将在标注文字旁边绘制一条一个箭头长的钩线。

启动 DIMDIAMETER 命令可以通过以下三种方式。

a. 打开【标注】下拉菜单，选择其中的【直径】命令选项。

b. 单击标注工具栏上的直径命令功能图标。

c. 在命令行"命令:"提示符下输入 DIMDIAMETER 并回车。

以在命令行启动 DIMDIAMETER 为例，直径尺寸标注的使用方法如下所述，如图 4-70 所示。

命令：DIMDIAMETER

选择圆弧或圆：

标注文字 =4-9

指定尺寸线位置或 [多行文字(M)/文字(T)/角度(A)]：

图4-70　直径尺寸标注样式

⑥ 角度尺寸标注　角度尺寸标注是根据 2 条以上的图形对象构成的角度进行标注。其 AutoCAD 功能命令是 DIMANGULAR。启动 DIMANGULAR 命令可以通过以下三种方式。

a. 打开【标注】下拉菜单，选择其中的【角度】命令选项。

b. 单击标注工具栏上的角度命令功能图标。

c. 在命令行"命令:"提示符下输入 DIMANGULAR 并回车。

以在命令行启动 DIMANGULAR 为例，角度尺寸标注的使用方法如下所述，如图 4-71 所示。

图4-71　角度尺寸标注样式

命令：DIMANGULAR

选择圆弧、圆、直线或 <指定顶点>：

选择第二条直线：

指定标注弧线位置或 [多行文字(M)/文字(T)/角度(A)/象限点(Q)]：

标注文字 = 28

⑦ 基线尺寸标注　基线尺寸标注是指创建自相同基线测量的一系列相关标注，其 AutoCAD 功能命令为 DIMBASELINE。AutoCAD 使用基线增量值偏移每一条新的尺寸线并避免覆盖上一条尺寸线。基线增量值在"新建标注样式"、"修改标注样式"和"替代标注样式"对话框的"直线和箭头"选项卡上基线间距指定。如果在当前任务中未创建标注，AutoCAD 将提示用户选择线性标注、坐标标注或角度标注，以用作基线标注的基准。一般情况下，在进行标注前，需使用线性标注、坐标标注或角度标注来确定标注基准线。

启动 DIMBASELINE 命令可以通过以下三种方式。

a．打开【标注】下拉菜单，选择其中的【基线】命令选项。

b．单击标注工具栏上的基线标注命令功能图标。

c．在命令行 "命令:" 提示符下输入 DIMBASELINE 并回车。

以在命令行启动 DIMBASELINE 为例，基线尺寸标注的使用方法如下所述，如图 4-72 所示。

● 先使用线性标注、坐标标注或角度标注来确定标注基准线；

● 再使用 DIMBASELINE 基线尺寸标注方法进行标注。

命令：DIMBASELINE

选择基准标注：（选择已标注的第一个尺寸线）

指定第二条尺寸界线原点或 [放弃(U)/选择(S)] <选择>：

标注文字 =58

指定第二条尺寸界线原点或 [放弃(U)/选择(S)] <选择>：

标注文字 =68

指定第二条尺寸界线原点或 [放弃(U)/选择(S)] <选择>：

......

选择基准标注：

图 4-72　基线尺寸标注样式

⑧ 连续尺寸标注　连续尺寸标注是指绘制一系列相关的尺寸标注，例如添加到整个尺寸标注系统中的一些短尺寸标注。连续标注也称为链式标注，其 AutoCAD 功能命令为 DIMCONTINUE。创建线性连续标注时，第一条尺寸界线将被禁止，并且文字位置和箭头可

能会包含引线。这种情况作为连续标注的替代而出现（ DIMSE1 系统变量打开，DIMTMOVE 系统变量为 1 时）。如果在当前任务中未创建标注，AutoCAD 将提示用户选择线性标注、坐标标注或角度标注，以用作连续标注的基准。一般情况下，在进行标注前，需使用线性标注、坐标标注或角度标注来确定标注基准线。

启动 DIMCONTINUE 命令可以通过以下三种方式。

a. 打开【标注】下拉菜单，选择其中的【连续】命令选项。

b. 单击标注工具栏上的标注连续命令功能图标。

c. 在命令行"命令:"提示符下输入 DIMCONTINUE 并回车。

以在命令行启动 DIMCONTINUE 为例，连续尺寸标注的使用方法如下所述，如图 4-73 所示。

● 先使用线性标注、坐标标注或角度标注来确定标注基准线；

● 再使用 DIMCONTINUE 连续尺寸标注方法进行标注。

```
命令: dimcontinue
指定第二条尺寸界线原点或 [放弃(U)/选择(S)] <选择>
标注文字 =21
指定第二条尺寸界线原点或 [放弃(U)/选择(S)] <选择>:
标注文字 =20
指定第二条尺寸界线原点或 [放弃(U)/选择(S)] <选择>:
标注文字 =23
……
指定第二条尺寸界线原点或 [放弃(U)/选择(S)] <选择>:
```

图 4-73　连续尺寸标注样式

⑨ 添加形位公差标注　形位公差表示特征的形状、轮廓、方向、位置和跳动的允许偏差。可以通过特征控制框来添加形位公差，这些框中包含单个标注的所有公差信息。其中特征控制框至少由两个组件组成，第一个特征控制框包含一个几何特征符号，表示应用公差的几何特征，例如位置、轮廓、形状、方向或跳动。可以创建带有或不带引线的形位公差，这取决于创建公差时使用的是 TOLERANCE 还是 LEADER。形状公差控制直线度、平面度、圆度和圆柱度；轮廓控制直线和表面，可以使用大多数编辑命令更改特性控制框，可以使用对象捕捉模式对其进行捕捉，还可以使用夹点编辑它们。如图 4-74 示意。

图 4-74　形位公差示意

创建形位公差的步骤如下。

a. 依次单击"标注(N)"下拉菜单选择"公差(T)"。

b. 在弹出的"形位公差"对话框中，单击"符号"对话框中的第一个矩形，然后在弹出的"特征符号"对话框中选择一个插入符号。如图 4-75 所示。

c. 在"公差 1"下，单击第一个黑框，插入直径符号，如图 4-76 所示。

图 4-75　"特征符号"对话框	图 4-76　插入直径符号

d. 在文字框中，输入第一个公差值，如图 4-77 所示。

e. 要添加包容条件（可选），单击第二个黑框，然后单击"包容条件"对话框中的符号以进行插入，如图 4-77 所示。

图 4-77　输入第一个公差值

　　f. 在"形位公差"对话框中，加入第二个公差值（可选并且与加入第一个公差值方式相同），如图 4-78 所示。

　　g. 在"基准 1"、"基准 2"和"基准 3"下输入基准参考字母。

　　h. 单击黑框，为每个基准参考插入包容条件符号。

　　i. 在"高度"框中输入高度。

　　j. 单击"延伸公差带"方框，插入符号。

　　k. 在"基准标识符"框中，添加一个基准值。

图 4-78　加入第二个公差值等

　　l. 单击"确定"。

　　m. 在图形中，指定特征控制框的位置，如图 4-79 所示。

图 4-79　标注特征控制框

创建带有引线的形位公差的步骤如下（见图 4-80）

　　a. 在命令提示下，输入"leader"或"LEADER"。

　　b. 指定引线的起点。

　　c. 指定引线的第二点。

　　d. 按两次 Enter 键以显示"注释"选项。

　　e. 输入 t（公差），然后创建特征控制框。

　　f. 特征控制框将附着到引线的端点。

创建带有引线的形位公差的操作命令提示如下，参见图 4-80。

命令：LEADER

指定引线起点：

指定下一点：

指定下一点或 [注释(A)/格式(F)/放弃(U)] <注释>:

输入注释文字的第一行或 <选项>:

输入注释选项 [公差(T)/副本(C)/块(B)/无(N)/多行文字(M)] <多行文字>: T

(a) 输入相关参数　　　　　　　　　　　　　　(b) 标注结果

图 4-80　创建带有引线的形位公差

⑩ 弧长标注　除了前述经常用的标注方法外，还有弧长标注（dimarc）等标注方法。弧长标注使用方法是执行命令后，使用鼠标单击要标注的弧线即可进行标注。弧线尺寸显示为"⌒***"标注形式，如图 4-81 所示。

命令: dimarc

选择弧线段或多段线圆弧段:

指定弧长标注位置或 [多行文字(M)/文字(T)/角度(A)/部分(P)/]:

标注文字 = 27.55

图 4-81　其他尺寸标注方式

4.4.3　文字与尺寸编辑与修改

与其他图形对象一样，AutoCAD 同样提供了对文字和尺寸的编辑与修改功能。

（1）文字编辑与修改方法

除了可以使用移动、复制、删除、旋转和镜像等基本的编辑与修改方法外，文字对象的编辑与修改方法还包括修改其内容、高度、字体和特性等。AutoCAD 提供了如下几种对文字的编辑与修改方法。

① 修改文字内容　修改文字内容是最为基本的文字编辑与修改功能，其 AutoCAD 功能命令为 DDEDIT。启动 DDEDIT 命令可以通过以下三种方式。

a. 打开【修改】下拉菜单，在【对象】子菜单中选择【文字】命令选项中的编辑。

b. 在命令行"命令:"提示符下输入 DDEDIT 并回车。

c. 单击文字，再单击右键屏幕将出现快捷菜单，选择"特性"选项，弹出的对话框中展开"文字"选项，直接单击其内容，输入新文字，可以进入修改文字，如图 4-82 所示。

图 4-82　修改文字窗口

② 修改文字特性　修改文字特性是指对文字的内容、颜色、插入点、样式和对齐方式等相关性质参数的修改，其 AutoCAD 功能命令为 PROPERTIES。启动 PROPERTIES 命令可以通过以下几种方式。

a. 打开【修改】下拉菜单，选择【特性】命令选项。

b. 单击标准工具栏上的特性命令功能图标。

c. 使用快捷菜单：选择要查看或修改其特性的对象，在绘图区域单击右键，然后选择"特性"。或者，可以在大多数对象上双击以显示"特性"窗口。在特性对话框中可以对文字的高度、字体、颜色等各种特性参数进行修改，如图 4-83 所示。

图 4-83　修改文字特性窗口

③ 文字编辑系统变量　AutoCAD 控制文字镜像后效果的系统变量为 MIRRTEXT。在进行文字镜像（MIRROR）时，若系统变量 MIRRTEXT 设置不正确，将使文字倒置。当 MIRRTEXT=0 时，文字镜像后的效果与原文字一致；当 MIRRTEXT=1 时，文字镜像后的效

图 4-84 文字系统变量设置

果将倒置，如图 4-84 所示。改变系统变量为 MIRRTEXT 的值可以通过如下方法。

命令：MIRRTEXT（设置新的系统变量）

输入 MIRRTEXT 的新值 <0>: 1（输入新的系统变量数值）

设置 MIRRTEXT=0 后，再进行文字操作，可以保证文字镜像与原文字一致。

（2）尺寸编辑与修改方法

AutoCAD 尺寸编辑与修改的内容，包括对尺寸线、标注文字和尺寸界线、箭头形式等的颜色、位置、方向、高度等。AutoCAD 提供了如下几种对尺寸的编辑与修改方法。

① 使用特性对话框 利用特性管理器对话框，可以方便地管理、编辑尺寸标注的各个组成要素。选择要查看或修改其特性的尺寸对象，在绘图区域单击右键，然后选择"特性"。在特性窗口，要修改某个参数，只需单击该项参数右侧的表格栏，展开该特性参数，单击参数选项即可进行修改，如图 4-85 所示。

图 4-85 编辑修改尺寸形式

② 使用 DIMEDIT、DIMTEDIT 命令 DIMEDIT 的功能是使用新的文字替换现有的标注文字、旋转文字、将文字移动位置等。 DIMEDIT 影响一个或多个标注对象上的标注文字和尺寸界线，其中"默认"、"新值"和"旋转"选项影响标注文字。"倾斜"选项控制尺寸界线的倾斜角度。DIMTEDIT 命令的功能主要是移动和旋转标注文字和对正标注文字。倾斜功能在轴测图及三维图形尺寸文字标注中使用较合适。

标注编辑修改命令可以通过以下两种方式进行。

● 单击标注工具栏上的编辑标注或编辑标注文字命令功能图标。

● 在命令行"命令:"提示符下输入 DIMEDIT 或 DIMTEDIT 并回车。

以在命令行启动 DIMEDIT 为例，使用 DIMEDIT 的编辑与修改方法如下所述，如图 4-86 所示。使用 DIMTEDIT 的编辑与修改方法如下所述，如图 4-87 所示。

a. 使用 DIMEDIT

命令：DIMEDIT

输入标注编辑类型 [默认(H)/新建(N)/旋转(R)/倾斜(O)] <默认>: O

选择对象：找到 1 个

选择对象：

输入倾斜角度（按 ENTER 表示无）：35

其中上述相关命令选项含义如下：

默认(H)——将旋转标注文字移回默认位置，选中的标注文字移回到由标注样式指定的默认位置和旋转角；

新建(N)——使用多行文字编辑器修改标注文字并进行替换；

旋转(R)——旋转标注文字；

倾斜(O)——调整线性标注尺寸界线的倾斜角度。AutoCAD 创建尺寸界线与尺寸线方向垂直的线性标注。当尺寸界线与图形的其他部件冲突时"倾斜"选项将很有用处。

图 4-86　标注编辑（倾斜等）

b. 使用 DIMTEDIT

命令：DIMTEDIT

选择标注：

为标注文字指定新位置或 [左对齐(L)/右对齐(R)/居中(C)/默认(H)/角度(A)]：L

图 4-87　DIMTEDIT 编辑标注(左对齐)

第 5 章

机械零件平面图 CAD 快速绘制

本章详细介绍机械零件平面三视图 CAD 快速绘制方法，包括机械零件的平面图、侧面图、剖面图等相关图纸的 CAD 绘制方法，所讲解的实例为常见的机械零件。

为便于学习 CAD 绘图技能，本书提供本章讲解实例的 CAD 图形（dwg 格式图形文件）供学习使用。读者连接互联网后可以到如下任一地址下载，图形文件仅供学习参考：

百度网盘（下载地址为：http://pan.baidu.com/share/link?shareid=1476411494&uk=605274645）

5.1 机械轴零件平面图 CAD 快速绘制

本节案例以图 5-1 所示的某机械轴零件平面图为例，讲解其 CAD 快速绘制方法。

图 5-1 某轴零件平面图

(1) 绘制零件平面图中心轴线

操作方法： 先绘制直线，长度比零件总长度稍长。然后修改线型为点画线。若显示效果不出点画线则使用 LTSCALE 修改线型合适的比例即可。

操作命令： LINE、LINETYPE、LTSCALE 等。

① 命令: LINE

指定第一点:

指定下一点或 [放弃(U)]: 175

指定下一点或 [放弃(U)]: （回车）

② 命令: LTSCALE

输入新线型比例因子 <1.0000>:1

操作示意： 见图 5-2。

图 5-2　绘制零件平面图中心轴线

(2) 绘制零件左侧端部轮廓平行线

操作方法： 然后利用捕捉功能定位移动使其中心位于轴线上。

操作命令： LINE、OFFSET、MOVE 等。

① 命令: OFFSET

当前设置: 删除源=否　图层=源　OFFSETGAPTYPE=0

指定偏移距离或 [通过(T)/删除(E)/图层(L)] <通过>: 1

选择要偏移的对象，或 [退出(E)/放弃(U)] <退出>:

指定要偏移的那一侧上的点，或 [退出(E)/多个(M)/放弃(U)] <退出>:

选择要偏移的对象，或 [退出(E)/放弃(U)] <退出>: （回车）

② 命令: MOVE

找到 2 个

指定基点或 [位移(D)] <位移>:

指定第二个点或 <使用第一个点作为位移>:

操作示意： 见图 5-3。

图 5-3　绘制零件左侧端部轮廓平行线

（3）绘制倾斜短线

操作方法： 先连接平行线端部，然后旋转45°，并延伸其长度。

操作命令： LINE、EXTEND、ROTATE 等。

① 命令: ROTATE

UCS 当前的正角方向： ANGDIR=逆时针 ANGBASE=0

选择对象: 找到 1 个

选择对象:

指定基点:

指定旋转角度，或[复制(C)/参照(R)]<0>: 45（输入旋转角度）

② 命令: EXTEND

当前设置：投影=UCS，边=无

选择边界的边...

选择对象或 <全部选择>: 找到 1 个

选择对象:

选择要延伸的对象，或按住 Shift 键选择要修剪的对象，或[栏选(F)/窗交(C)/投影(P)/边(E)/放弃(U)]:

选择要延伸的对象，或按住 Shift 键选择要修剪的对象，或[栏选(F)/窗交(C)/投影(P)/边(E)/放弃(U)]:（回车）

操作示意： 见图 5-4。

图 5-4 绘制倾斜短线

（4）进行镜像得到对称轮廓

操作方法： 以轴线为镜像中心轴线，然后剪切即可。

操作命令： MIRROR、TRIM 等。

① 命令: MIRROR

找到 1 个

指定镜像线的第一点:

指定镜像线的第二点:

要删除源对象吗？[是(Y)/否(N)] <N>: N（输入 N 回车）

② 命令: TRIM

当前设置：投影=UCS，边=无

选择剪切边......

选择对象或<全部选择>:找到 1 个

选择对象:找到 1 个，总计 2 个

选择对象:

选择要修剪的对象，或按住 Shift 键选择要延伸的对象，或[栏选(F)/窗交(C)/投影(P)/边(E)/删除(R)/放弃(U)]:

选择要修剪的对象，或按住 Shift 键选择要延伸的对象，或[栏选(F)/窗交(C)/投影(P)/边(E)/删除(R)/放弃(U)]:

选择要修剪的对象，或按住 Shift 键选择要延伸的对象，或[栏选(F)/窗交(C)/投影(P)/边(E)/删除(R)/放弃(U)]:（回车）

操作示意：见图 5-5。

图 5-5　进行镜像得到对称轮廓

（5）按顺序绘制下一段零件轮廓

操作方法：按前述方法绘制。

操作命令：LINE、MIRROR、TIRM、EXTEND、MOVE 等。

操作示意：见图 5-6。

图 5-6　按顺序绘制下一段零件轮廓

（6）绘制左侧键槽轮廓

操作方法：先绘制小长方形，然后绘制 2 个小圆。

操作命令：LINE、MIRROR、TIRM、EXTEND、CIRCLE、COPY、MOVE 等。

命令：CIRCLE

指定圆的圆心或 [三点(3P)/两点(2P)/切点、切点、半径(T)]：

指定圆的半径或 [直径(D)] <0.000>:2.5

操作示意：见图 5-7。

图 5-7　绘制左侧键槽轮廓

（7）进行剪切得到键槽平面造型

操作方法：删除小长方形等多余线条。

操作命令：TRIM、ERASE 等。

操作示意：见图 5-8。

图 5-8　进行剪切得到键槽平面

（8）按前述方法继续轴零件其他部分绘制

操作方法：绘制方法与前面类似，限于篇幅，具体绘制过程在此从略。

操作命令：LINE、PLINE、MIRROR、TIRM、EXTEND、CIRCLE、COPY、MOVE、ROTATE、ARC 等。

操作示意：见图 5-9。

图 5-9　继续轴零件其他部分绘制

（9）设置文字样式、标注样式

操作方法：根据绘图比例设置合适的文字样式、标注样式。设置方法参见前面相关章节论述，限于篇幅，在此从略。

操作命令： STYLE、DIMSTYLE 等。

操作示意： 见图 5-10。

图 5-10　设置文字样式、标注样式

（10）进行轴零件的尺寸标注

操作方法： 使用线型标注、对齐标注等命令。

操作命令： DIMLINEAR、DIMALIGNED 等。

命令:DIMLINEAR

指定第一个尺寸界线原点或<选择对象>:

指定第二条尺寸界线原点:

指定尺寸线位置或

[多行文字(M)/文字(T)/角度(A)/水平(H)/垂直(V)/旋转(R)]:

标注文字=28

操作示意： 见图 5-11。

图 5-11　进行轴零件的尺寸标注

（11）对零件左端部的标注尺寸进行修改

操作方法： 因属于圆形，在尺寸数值前增加直径符号"ϕ"。先选择尺寸，然后单击"修改"下拉菜单中的"特性"功能，在弹出的对话框中进行修改，输入"%%C15"。

操作命令： PROPERTIES 等。

操作示意： 见图 5-12。

（12）回车确认得到修改结果

操作方法： 在 AutoCAD 中，"%%C"表示"ϕ"符号。

操作命令： ZOOM 等。

操作示意： 见图 5-13。

图 5-12 修改零件左端部的标注尺寸

图 5-13 回车确认得到修改结果

（13）对于在标注尺寸前增加文字说明的尺寸修改方法

操作方法： 如尺寸"2"修改为"2×ϕ15"，"特性"功能修改同样适用。

操作命令： PROPERTIE、ZOOM 等。

操作示意： 见图 5-14。

图 5-14 标注尺寸前增加文字说明

（14）单击"修改"下拉菜单中的"特性"功能，在弹出的对话框中进行修改

操作方法： 先选择尺寸文字，然后在"特性"对话框中输入要添加的文字内容，例如"2×%%C15"。

操作命令： PROPERTIE、ZOOM 等。

操作示意： 见图 5-15。

图 5-15　在弹出的对话框中进行修改

（15）带箭头引线的尺寸文字标注方法

操作方法： 使用 LEADER 功能命令可以进行标注。

操作命令： LEADER 等。

命令：LEADER

指定引线起点：

指定下一点：

指定下一点或 [注释(A)/格式(F)/放弃(U)]<注释>:<正交 开>

指定下一点或 [注释(A)/格式(F)/放弃(U)]<注释>:

输入注释文字的第一行或<选项>:1×45%%D

输入注释文字的下一行：

操作示意： 见图 5-16。

（16）剖视图剖切符号绘制

操作方法： 同样可以使用 LEADER 功能命令进行标注。

操作命令： LEADER、MIRROR 等。

操作示意： 见图 5-17。

图 5-16　带箭头引线的尺寸文字标注　　　　图 5-17　剖视图剖切符号绘制

（17）按设计需要继续进行尺寸、文字标注

操作方法： 标注方法按前述。

操作命令： DIMLINEAR、LEADER、MIRROR、CIRCLE、MTEXT、MOVE、SCALE 等。

操作示意： 见图 5-18。

图 5-18　继续进行尺寸、文字标注

(18) A—A 截面大样图绘制

操作方法：先绘制"+"型轴线，然后绘制圆形及凹槽轮廓。

操作命令：LINE、LINETYPE、LTSCALE、STRETCH、MIRROR、TRIM 等。

操作示意：见图 5-19。

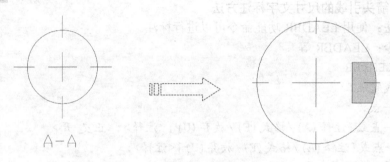

图 5-19　A—A 截面大样图绘制

(19) 进行剪切并填充图案、标注尺寸

操作方法：填充图案选择斜线线型。

操作命令：HATCH、TRIM、DIMLINEAR、MTEXT、TEXT 等。

操作示意：见图 5-20。

图 5-20　进行剪切并填充图案、标注尺寸

(20) 其他截面大样图绘制方法类似

操作方法：包括 B—B 截面、基点 1 详图。

操作命令：CIRCLE、LINE、HATCH、TRIM、DIMLINEAR、MTEXT、TEXT 等。

操作示意：见图 5-21。

图 5-21 其他截面大样图绘制

（21）标注说明文字，插入图框

操作方法：图框使用各个设计单位已有规定格式图形，不新绘制。

操作命令：MTEXT、MOVE、OPEN、COPYCLIP、SCALE 等。

操作示意：见图 5-22。

技术要求：
1. 调质处理20~30HRC；
2. 锐边去毛刺。

图 5-22 标注说明文字，插入图框

（22）标注图签图名等内容

操作方法：图签使用各个设计单位规定的样式。

操作命令：MTEXT、MOVE、COPY、SCALE 等。

操作示意：见图 5-23。

图 5-23 标注图签图名等内容

（23）完成轴零件平面图绘制，根据需要打印输出（包括 PDF、JPG 格式文件，详见后面章节论述）

操作方法：操作过程中要及时保存图形，一般随时单击工具栏中的"保存"图标即可。

操作命令：ZOOM、SAVE、SAVEAS 等。

操作示意：见图 5-24。

图 5-24　完成轴零件平面图绘制

5.2　机械泵管构件三视图 CAD 快速绘制　<<<

本节案例以图 5-25 所示的机械泵管构件平面三视图（即平面图、侧面图）为例，讲解其 CAD 快速绘制方法。

图 5-25　机械泵管构件平面三视图

（1）以机械泵管构件三视图中的平面图为例进行讲解

操作方法： 该平面图左右对称，可以绘制一半即可。

操作命令： ZOOM 等。

操作示意： 见图 5-26。

图 5-26　机械泵管构件平面图

（2）先创建轴线

操作方法： 轴线长度比机械构件的轮廓稍长即可，可使用 STRETCH 调整长度。然后改变其为点画线线型。若显示效果不出点画线则使用 LTSCALE 修改线型合适的比例即可。

操作命令： LINE、STRETCH、MOVE、LINETYPE、LTSCALE 等。

命令：STRETCH

以交叉窗口或交叉多边形选择要拉伸的对象……

选择对象：指定对角点：找到 1 个

选择对象：（回车）

指定基点或 ［位移(D)］ <位移>：

指定第二个点或 <使用第一个点作为位移>：

操作示意： 见图 5-27。

图 5-27　先创建轴线

（3）绘制上部长方形轮廓

操作方法： 使用 LINE 绘制长方形，然后使用 FILLET 进行倒圆角处理。

操作命令： LINE、MIRROR、FILLET 等。

① 命令: LINE
指定第一点:
指定下一点或 [放弃(U)]: 60
指定下一点或 [放弃(U)]: (回车)
② 命令: FILLET
当前设置: 模式 = 修剪, 半径 = 12.5000
选择第一个对象或 [放弃(U)/多段线(P)/半径(R)/修剪(T)/多个(M)]: R(输入R回车)
指定圆角半径 <12.5000>: 7 (输入半径大小回车)
选择第一个对象或 [放弃(U)/多段线(P)/半径(R)/修剪(T)/多个(M)]:
选择第二个对象, 或按住 Shift 键选择对象以应用角点或 [半径(R)]:
操作示意: 见图 5-28。

图 5-28　绘制上部长方形轮廓

（4）绘制大圆形
操作方法: 进行剪切得到半圆圆形。
操作命令: CIRCLE、TRIM 等。
① 命令: CIRCLE
指定圆的圆心或 [三点(3P)/两点(2P)/切点、切点、半径(T)]:
指定圆的半径或 [直径(D)] <36.0000>: 36
② 命令: TRIM
当前设置: 投影=UCS, 边=无
选择剪切边……
选择对象或 <全部选择>: 指定对角点: 找到 1 个
选择对象:
选择要修剪的对象, 或按住 Shift 键选择要延伸的对象, 或[栏选(F)/窗交(C)/投影(P)/边(E)/删除(R)/放弃(U)]: 指定对角点:
选择要修剪的对象, 或按住 Shift 键选择要延伸的对象, 或[栏选(F)/窗交(C)/投影(P)/边(E)/删除(R)/放弃(U)]: (回车)
操作示意: 见图 5-29。
（5）绘制小圆形
操作方法: 先绘制 2 条辅助线, 其线型可以使用 MATCHPROP 进行单击修改, 然后以辅助线交点作为圆心绘制小圆形, 再进行镜像得到对称的小圆形。

图 5-29　绘制大圆形

操作命令：LINE、MATCHPROP、CIRCLE、MIRROR 等。

① 命令: MATCHPROP

选择源对象:

当前活动设置: 颜色 图层 线型 线型比例 线宽 透明度 厚度 打印样式 标注 文字 图案填充 多段线 视口 表格材质 阴影显示 多重引线

选择目标对象或 [设置(S)]:

选择目标对象或 [设置(S)]:

选择目标对象或 [设置(S)]:

② 命令: MIRROR

选择对象: 找到 1 个

选择对象:

指定镜像线的第一点:

指定镜像线的第二点:

要删除源对象吗? [是(Y)/否(N)] <N>:N

操作示意：见图 5-30。

图 5-30　绘制小圆形

(6) 绘制底部轮廓线

操作方法：直线与轴线之间的间距可以通过移动一定距离（如 6mm）得到。

操作命令：LINE、MOVE、TRIM 等。

命令: LINE

指定第一点:

指定下一点或 [放弃(U)]: 18

指定下一点或 [放弃(U)]: 36

指定下一点或 [闭合(C)/放弃(U)]: 6

指定下一点或 [闭合(C)/放弃(U)]: 51

指定下一点或 [闭合(C)/放弃(U)]:

操作示意: 见图 5-31。

图 5-31　绘制底部轮廓线

（7）对于直线与直线之间垂直角连接处理可以使用 CHAMFER 功能命令进行快速处理

操作方法: 使用 CHAMFER 功能命令需先设置距离为"0"。在绘图中可以使用此功能命令快速进行直线无缝连接。

操作命令: CHAMFER 等。

命令: CHAMFER

("修剪"模式) 当前倒角距离 1 = 1.5000, 距离 2 = 1.5000

选择第一条直线或 [放弃(U)/多段线(P)/距离(D)/角度(A)/修剪(T)/方式(E)/多个(M)]: D

指定 第一个 倒角距离 <1.5000>: 0

指定 第二个 倒角距离 <0.0000>: 0

选择第一条直线或 [放弃(U)/多段线(P)/距离(D)/角度(A)/修剪(T)/方式(E)/多个(M)]:

选择第二条直线,或按住 Shift 键选择直线以应用角点或 [距离(D)/角度(A)/方法(M)]:

操作示意: 见图 5-32。

图 5-32　直线无缝连接

（8）创建底部的倾斜线轮廓

操作方法: 先绘制垂直方向直线,然后进行旋转得到倾斜轮廓线。线条长度稍长些。注意旋转的角度方向（输入负值顺时针旋转）。

操作命令：LINE、ROTATE 等。

命令：ROTATE

UCS 当前的正角方向： ANGDIR=逆时针 ANGBASE=0

选择对象：指定对角点：找到 1 个

选择对象：

指定基点：

指定旋转角度，或 [复制(C)/参照(R)] <0>： -17（输入负值顺时针旋转）

操作示意：见图 5-33。

图 5-33 创建底部的倾斜线轮廓

（9）进行剪切得到倾斜直线

操作方法：若长度短，则进行直线延伸（EXTEND）操作即可。

操作命令：TRIM、EXTEND 等。

操作示意：见图 5-34。

图 5-34 剪切得到倾斜直线

（10）机械构件平面图中底部看不见的孔洞可以绘制为虚线

操作方法：先绘制为实线，然后调整为虚线。因线条较短虚线显示效果不理想，可以选择该线条然后执行"特性"功能命令 PROPERTIES，在"特性"对话框中修改"线型比例"为合适数值。

操作命令：LINE、TRIM、OFFSET、LINTYPE、PROPERTIES 等。

操作示意：见图 5-35。

图 5-35　看不见的孔洞可以绘制为虚线

（11）完成机械构件平面图左侧图形绘制

操作方法：对需要加粗的线条，可以使用 PEDIT 功能命令进行加粗。

操作命令：PEDIT、ZOOM 等。

命令：PEDIT

选择多段线或 [多条(M)]：M

选择对象：指定对角点：找到 3 个

选择对象：找到 1 个，总计 4 个

选择对象：

是否将直线、圆弧和样条曲线转换为多段线？[是(Y)/否(N)]？<Y> Y

输入选项 [闭合(C)/打开(O)/合并(J)/宽度(W)/拟合(F)/样条曲线(S)/非曲线化(D)/线型生成(L)/反转(R)/放弃(U)]：W

指定所有线段的新宽度：0.5

输入选项 [闭合(C)/打开(O)/合并(J)/宽度(W)/拟合(F)/样条曲线(S)/非曲线化(D)/线型生成(L)/反转(R)/放弃(U)]：（回车）

操作示意：见图 5-36。

图 5-36　对需要加粗的线条使用 PEDIT 功能命令进行加粗

（12）对圆形线条需采用其他方法加粗

操作方法：对圆形线条的加粗不能使用 PEDIT 功能命令。方法是偏移线条宽度的距离，然后进行图案（图案选择"SOLID"）填充即可。

操作命令： OFFSET、HATCH 等。

命令：OFFSET

当前设置：删除源=否　图层=源　OFFSETGAPTYPE=0

指定偏移距离或 [通过(T)/删除(E)/图层(L)] <通过>：0.5

选择要偏移的对象，或 [退出(E)/放弃(U)] <退出>：

指定要偏移的那一侧上的点，或 [退出(E)/多个(M)/放弃(U)] <退出>：

选择要偏移的对象，或 [退出(E)/放弃(U)] <退出>：

操作示意： 见图 5-37。

图 5-37　对圆形线条加粗

（13）进行镜像得到平面对称图形

操作方法： 完成整个机械构件平面图绘制。

操作命令： ZOOM、MIRROR 等。

命令：MIRROR

选择对象：指定对角点：找到 27 个

选择对象：

指定镜像线的第一点：

指定镜像线的第二点：

要删除源对象吗？[是(Y)/否(N)] <N>：N

操作示意： 见图 5-38。

图 5-38　镜像得到平面对称图形

（14）先设置文字样式、标注样式，然后标注尺寸、文字

操作方法： 尺寸标注根据设计需要进行标注。

操作命令：STYLE、DIMSTYLE、MTEXT、SCALE、MOVE、DIMLINEAR、DIMALIGNED、

DIMANGULAR、DIMDIAMETER、DIMRADIUS 等。

命令：DIMANGULAR

选择圆弧、圆、直线或 <指定顶点>：

选择第二条直线：

指定标注弧线位置或 [多行文字(M)/文字(T)/角度(A)/象限点(Q)]：

标注文字 = 73

命令：DIMDIAMETER

选择圆弧或圆：

标注文字 = 13

指定尺寸线位置或 [多行文字(M)/文字(T)/角度(A)]：

操作示意：见图 5-39。

图 5-39　标注尺寸、文字

（15）机械泵管构件的其他平面视图（左侧视图、右侧视图）绘制

操作方法：绘制方法与平面视图类似，限于篇幅，其具体绘制过程在此从略。学习者按图示尺寸可进行练习绘制。

操作命令：LINE、OFFSET、MIRROR、COPY、MOVE、DIMLINEAR、PEDIT、CIRCLE 等。

操作示意：见图 5-40。

图 5-40　其他平面视图绘制

（16）插入图框，标注技术要求等说明文字

操作方法：按设计要求标注文字说明。图框使用已有图形。

操作命令：OPEN、COPYCLIP、MOVE、SACLE、MTEXT 等。

操作示意：见图 5-41。

图 5-41　插入图框

（17）完成机械泵管构件三维视图绘制

操作方法：图中插入的三维图形是图片格式，其 DWG 文件可以按本章提供的网络地址下载打开学习使用。

操作命令：SAVE、ZOOM 等。

操作示意：见图 5-42。

图 5-42　完成机械泵管构件三维视图

第6章

机械装配图 CAD 快速绘制

本章详细介绍各种机械装配图 CAD 快速绘制方法，所讲解的实例为常见的机械构件，其他机械构件装配图绘制方法类似。

为便于学习 CAD 绘图技能，本书提供本章讲解实例的 CAD 图形（dwg 格式图形文件）供学习使用。读者连接互联网后可以到如下任一地址下载，图形文件仅供学习参考：

百度网盘（下载地址为：http://pan.baidu.com/share/link?shareid=1506296361&uk=605274645）

6.1 后立柱油缸装配图 CAD 快速绘制

本节案例以图 6-1 所示某机械构件的后立柱油缸装配图为例，讲解其 CAD 快速绘制方法。其他机械组装图绘制方法类似。

图 6-1　某机械构件的后立柱油缸装配图

（1）分析图形特点

操作方法： 上下对称，绘制一半即可。

操作命令： ZOOM 等。

操作示意： 见图 6-2。

图 6-2　图形上下对称

（2）创建轴线

操作方法： 先使用 LINE 绘制，然后使用 LINETYPE、LTSCALE 修改为点画线。

操作命令： LINE、LINETYPE、LTSCALE 等。

命令：LINE

指定第一点：

指定下一点或 [放弃(U)]：450

指定下一点或 [放弃(U)]：（回车）

操作示意： 见图 6-3。

------ - ------ - ------ - ------ - ------

图 6-3　创建轴线

（3）在轴线处，按构件轮廓的较长处水平轮廓线的长度绘制直线

操作方法： 分别按与轴线的间距进行偏移。

操作命令： LINE、PLINE、OFFSET、STRETCH 等。

命令：OFFSET

当前设置：删除源=否　图层=源　OFFSETGAPTYPE=0

指定偏移距离或 [通过(T)/删除(E)/图层(L)] <通过>：

选择要偏移的对象，或 [退出(E)/放弃(U)] <退出>：65

指定要偏移的那一侧上的点，或 [退出(E)/多个(M)/放弃(U)] <退出>：

选择要偏移的对象，或 [退出(E)/放弃(U)] <退出>：（回车）

操作示意： 见图 6-4。

图 6-4　绘制水平轮廓线

（4）绘制竖直短线

操作方法： 偏移得到主要竖直方向轮廓。

操作命令： LINE、LENGTHEN 等。

命令：LENGTHEN

选择对象或 [增量(DE)/百分数(P)/全部(T)/动态(DY)]：DY

选择要修改的对象或 [放弃(U)]：

指定新端点：

选择要修改的对象或 [放弃(U)]：（回车）

操作示意： 见图 6-5。

图 6-5　绘制竖直短线

（5）进行线条轮廓剪切

操作方法： 按构件的轮廓造型进行剪切。

操作命令： TRIM、ERASE 等。

命令：TRIM

当前设置：投影=UCS，边=无

选择剪切边……

选择对象或 <全部选择>：找到 1 个

选择对象：

选择要修剪的对象，或按住 Shift 键选择要延伸的对象，或[栏选(F)/窗交(C)/投影(P)/边(E)/删除(R)/放弃(U)]：

……

选择要修剪的对象，或按住 Shift 键选择要延伸的对象，或[栏选(F)/窗交(C)/投影(P)/边(E)/删除(R)/放弃(U)]：(回车)

操作示意： 见图 6-6。

图 6-6　进行线条轮廓剪切

（6）绘制端部斜线轮廓造型

操作方法： 可以进行剪切得到，也可以使用 CHAMFER 命令进行倒角得到。

操作命令： TRIM、CHAMFER、ERASE 等。

命令：CHAMFER

（"修剪"模式）当前倒角距离 1 = 0.0000，距离 2 = 0.0000

选择第一条直线或 ［放弃(U)/多段线(P)/距离(D)/角度(A)/修剪(T)/方式(E)/多个(M)］：D

指定 第一个 倒角距离 <0.0000>：1

指定 第二个 倒角距离 <1.0000>：

选择第一条直线或 ［放弃(U)/多段线(P)/距离(D)/角度(A)/修剪(T)/方式(E)/多个(M)］：

选择第二条直线，或按住 Shift 键选择直线以应用角点或 ［距离(D)/角度(A)/方法(M)］：

操作示意： 见图 6-7。

图 6-7　绘制端部斜线轮廓造型

（7）绘制机械内部构件细部造型

操作方法： 先绘制右侧端部内部轮廓。轮廓线多为直线或斜线，其大小及间距位置按设计图确定。可以打开本章提供下载的 dwg 文件图形，使用 DIMLINEAR、DIMALIGNED 等进行标注测量查询其大小，然后进行绘制。

操作命令： LINE、TRIM、EXTEND、STRETCH、MOVE、MIRROR、OFFSET、DIMLINEAR、DIMALIGNED 等。

① 命令：MIRROR

选择对象：指定对角点：找到 6 个

选择对象：找到 1 个，总计 7 个

选择对象：（回车）

指定镜像线的第一点：

指定镜像线的第二点：

要删除源对象吗？［是(Y)/否(N)］ <N>：N(输入 N 回车)

② 命令：STRETCH

以交叉窗口或交叉多边形选择要拉伸的对象......

选择对象：指定对角点：找到 1 个

选择对象：（回车）

指定基点或 ［位移(D)］ <位移>：

图 6-8 绘制机械内部构件细部造型

指定第二个点或 <使用第一个点作为位移>：

操作示意：见图 6-8。

（8）绘制构件上侧位置的圆形

操作方法：先绘制定位轴线，然后使用 OFFSET、COPY 等绘制圆形。轴线的线型使用 MATCHPROP 单击已有点画线线型，可快速修改为相同线型。

操作命令：LINE、MATCHPROP、OFFSET、COPY 等。

操作示意：见图 6-9。

图 6-9 绘制构件上侧位置的圆形

（9）绘制构件中间部分造型轮廓

操作方法：平行线使用 OFFSET 快速绘制。

操作命令：LINE、EXTEND、TRIM、OFFSET 等。

操作示意：见图 6-10。

图 6-10 绘制构件中间部分造型

（10）继续绘制中间位置其他细部造型轮廓线条

操作方法：虚线轮廓造型使用 LINETYPE、LTSCALE 修改线型。

操作命令：LINE、TRIM、CIRCLE、MOVE、LINETYPE、LTSCALE 等。

操作示意：见图 6-11。

图 6-11 继续绘制中间位置其他细部造型

（11）绘制左侧构造图形

操作方法：绘制方法与前述绘制过程类似，限于篇幅在此从略。

操作命令：LINE、OFFSET、TRIM、ROTATE、CHAMFER、CIRCLE、STRETCH、MIRROR 等。

操作示意：见图 6-12。

图 6-12　绘制左侧构造图形

（12）继续绘制，完成上侧全部图形

操作方法：根据机械构件构造进行绘制。

操作命令：ZOOM、SAVE 等。

操作示意：见图 6-13。

图 6-13　完成上侧全部图形

（13）选择上部全部图形进行镜像

操作方法：选择轴线作为镜像轴。

操作命令：MIRROR 等。

操作示意：见图 6-14。

图 6-14　选择上部全部图形进行镜像

（14）标注该机械构件的尺寸

操作方法：包括线性标注、半径标注、直径标注等。

操作命令：STYLE、DIMSTYLE、DIMLINEAR、DIMDIAMETER、DIMRADIUS 等。

① 命令: DIMLINEAR

指定第一个尺寸界线原点或 <选择对象>:

指定第二条尺寸界线原点:

指定尺寸线位置或[多行文字(M)/文字(T)/角度(A)/水平(H)/垂直(V)/旋转(R)]:

标注文字 = 20

② 命令: DIMRADIUS

选择圆弧或圆:

标注文字 = 8.5

指定尺寸线位置或 [多行文字(M)/文字(T)/角度(A)]:

操作示意：见图 6-15。

图 6-15　标注机械构件的尺寸

（15）文字尺寸的分数形式标注方法

操作方法：先使用 DIMLINEAR 等尺寸标注功能命令进行标注，然后选择已标注尺寸，快速双击鼠标左键弹出"文字格式"对话框。对"ϕ30"，可以输入"%%C30"即可得到；对分数形式表示的数值 H7/f7，输入"H7/f7"后，按住鼠标左键进行选择该文字，再单击"文字格式"对话框图标中的"堆叠"。

操作命令：DIMLINEAR、DIMDIAMETER、DIMRADIUS 等。

操作示意：见图 6-16。

图 6-16　分数形式标注方法

（16）单击"确定"即可得到分数形式标注

操作方法：单击标注文字，在"文字格式"对话框中，选择不同文字范围，再设置合适的字高，可以得到需要的文字形式。

操作命令：对话框操作。

操作示意：见图6-17。

图6-17 得到分数形式标注

（17）标注带引线的说明文字及技术要求说明文字

操作方法：标注带引线的说明使用 LEADER 命令绘制，其他文字则使用 MTEXT 功能命令绘制。文字大小可以使用 SCALE 调整。

操作命令：LEADER、MOVE、MTEXT、SCALE、MOVE 等。

命令：LEADER

指定引线起点：

指定下一点：

指定下一点或 [注释(A)/格式(F)/放弃(U)] <注释>：F

输入引线格式选项 [样条曲线(S)/直线(ST)/箭头(A)/无(N)] <退出>：A

指定下一点或 [注释(A)/格式(F)/放弃(U)] <注释>：（回车）

指定下一点或 [注释(A)/格式(F)/放弃(U)] <注释>：

输入注释文字的第一行或 <选项>：M6X25

输入注释文字的下一行：J21-9A

输入注释文字的下一行：（回车）

操作示意：见图6-18。

图6-18 标注说明文字

（18）插入图框，完成绘制某机械构件的后立柱油缸装配图

操作方法：及时保存图形，可以打印输出图形。

操作命令：SAVE、PLOT 等。

操作示意：见图 6-19。

图 6-19　完成绘制后立柱油缸装配图

6.2　虎钳装配图 CAD 快速绘制　◀◀◀

本节案例以图 6-20 所示的虎钳装配图为例，讲解其 CAD 快速绘制方法。

（a）虎钳装配图解剖透视图

（b）虎钳装配图绘制

图 6-20　虎钳装配图

（1）先以平面图进行讲解绘制

操作方法：平面图上下对称，绘制一半即可，另外一半进行镜像快速得到。

操作命令：ZOOM 等。

操作示意：见图 6-21。

图 6-21　虎钳装配图的平面图

（2）创建虎钳平面图的轴线

操作方法：先绘制相互垂直的直线，然后使用 LINETYPE、LTSCALE 功能命令修改线型为点画线。

操作命令：LINE、STRETCH、LENGTHEN、LINETYPE、LTSCALE 等。

命令：LENGTHEN

选择对象或 [增量(DE)/百分数(P)/全部(T)/动态(DY)]: DY

选择要修改的对象或 [放弃(U)]:

指定新端点：

选择要修改的对象或 [放弃(U)]:（回车）

操作示意：见图6-22。

图 6-22　创建虎钳平面图的轴线

（3）绘制外围大正方形轮廓

操作方法：使用 FILLET 对正方形角进行圆角处理。

操作命令：LINE、OFFSET、FILLET 等。

① 命令: LINE

指定第一点：

指定下一点或 [放弃(U)]: 158

指定下一点或 [放弃(U)]: 158

指定下一点或 [闭合(C)/放弃(U)]:（回车）

② 命令: OFFSET

当前设置：删除源=否　图层=源　OFFSETGAPTYPE=0

指定偏移距离或 [通过(T)/删除(E)/图层(L)] <通过>: 158

选择要偏移的对象，或 [退出(E)/放弃(U)] <退出>:

指定要偏移的那一侧上的点，或 [退出(E)/多个(M)/放弃(U)] <退出>:

选择要偏移的对象，或 [退出(E)/放弃(U)] <退出>:（回车）

③ 命令: FILLET

当前设置：模式 = 修剪，半径 = 0.0000

选择第一个对象或 [放弃(U)/多段线(P)/半径(R)/修剪(T)/多个(M)]: R

指定圆角半径 <0.0000>: 12

选择第一个对象或 [放弃(U)/多段线(P)/半径(R)/修剪(T)/多个(M)]:

选择第二个对象，或按住 Shift 键选择对象以应用角点或 [半径(R)]:（回车）

操作示意：见图6-23。

（4）绘制内部水平轮廓线

操作方法：对称一侧的可以先绘制，也可以通过进行镜像、偏移功能快速得到。

图6-23 绘制外围大正方形轮廓

操作命令：LINE、TRIM、MIRROR、OFFSET 等。

命令：TRIM

当前设置：投影=UCS，边=无

选择剪切边……

选择对象或 <全部选择>： 找到 1 个

选择对象：（回车）

选择要修剪的对象，或按住 Shift 键选择要延伸的对象，或[栏选(F)/窗交(C)/投影(P)/边(E)/删除(R)/放弃(U)]：

选择要修剪的对象，或按住 Shift 键选择要延伸的对象，或[栏选(F)/窗交(C)/投影(P)/边(E)/删除(R)/放弃(U)]：（回车）

操作示意：见图6-24。

图6-24 绘制内部水平轮廓线

（5）根据虎钳平面造型进行线条轮廓绘制

操作方法：利用偏移功能快速得到水平或竖直方向的平行线。

操作命令：LINE、EXTEND、OFFSET、STRETCH、TRIM 等。

命令：EXTEND

当前设置：投影=UCS，边=无

选择边界的边...

选择对象或 <全部选择>： 找到 1 个

选择对象：（回车）

选择要延伸的对象，或按住 Shift 键选择要修剪的对象，或[栏选(F)/窗交(C)/投影(P)/边(E)/放弃(U)]：

选择要延伸的对象，或按住 Shift 键选择要修剪的对象，或[栏选(F)/窗交(C)/投影(P)/边(E)/放弃(U)]：（回车）

操作示意：见图 6-25。

图 6-25　根据虎钳平面造型进行线条轮廓绘制

（6）创建水平方向轮廓线

操作方法：根据虎钳平面的轮廓线进行偏移或绘制，然后根据平面图轮廓进行线条剪切。因平面图上下对称，可以先绘制上半部即可。

操作命令：LINE、OFFSET、TRIM 等。

操作示意：见图 6-26。

图 6-26　创建水平方向轮廓线

（7）对平面内部细部造型轮廓进行绘制

操作方法：对 2 段直线进行圆角（FILLET）处理。

操作命令：FILLET 等。

命令：FILLET

当前设置：模式 = 修剪，半径 = 12.0000

选择第一个对象或 [放弃(U)/多段线(P)/半径(R)/修剪(T)/多个(M)]：R

指定圆角半径 <12.0000>：5

选择第一个对象或 [放弃(U)/多段线(P)/半径(R)/修剪(T)/多个(M)]：

选择第二个对象，或按住 Shift 键选择对象以应用角点或 [半径(R)]：（回车）

操作示意：见图6-27。

图6-27 对平面内部细部造型轮廓进行绘制

（8）对于双弧线光滑连接的处理方法

操作方法：可以使用 FILLET 功能命令进行处理，但需要按下一步的方法进行操作。

操作命令：FILLET 等。

操作示意：见图6-28。

（9）进行两次圆角处理即可

操作方法：中间竖直的短线需复制为两条完全重合的线条，然后进行两次圆角处理即可，再删除多余的线条。

图6-28 对于双弧线光滑连接的处理方法

操作命令：COPY、FILLET、ERASE 等。

命令：FILLET

当前设置：模式 = 修剪，半径 = 3.0000

选择第一个对象或 [放弃(U)/多段线(P)/半径(R)/修剪(T)/多个(M)]:R

指定圆角半径 <3.0000>: 3.0

选择第一个对象或 [放弃(U)/多段线(P)/半径(R)/修剪(T)/多个(M)]：

选择第二个对象，或按住 Shift 键选择对象以应用角点或 [半径(R)]：（回车）

操作示意：见图6-29。

图6-29 进行两次圆角处理即可

（10）按前述方法绘制左侧内部细部轮廓线

操作方法：尺寸按设计确定的长度、间距大小。

操作命令：LINE、TRIM、OFFSET、FILLET、ERASE 等。

操作示意：见图6-30。

图 6-30 绘制左侧内部细部轮廓线

（11）创建同心圆造型

操作方法： 先或者一个圆形，然后提供偏移快速得到同心圆造型。

操作命令： CIRCLE、OFFSET 等。

命令：CIRCLE

指定圆的圆心或 [三点(3P)/两点(2P)/切点、切点、半径(T)]:

指定圆的半径或 [直径(D)] <40.0258>: 40

操作示意： 见图 6-31。

图 6-31 创建同心圆造型

（12）进行圆形轮廓线线条修剪

操作方法： 根据设计要求的形状进行修剪。

操作命令： TRIM 等。

操作示意： 见图 6-32。

图 6-32 进行圆形轮廓线线条修剪

（13）半圆形端部与直线端部交接光滑处理

操作方法： 使用 FILLET 功能命令即可进行半圆形端部与直线端部交接光滑处理。

操作命令： LINE、FILLET 等。

操作示意： 见图 6-33。

图 6-33　半圆形端部与直线端部交接光滑处理

（14）绘制轴线处的上部圆形及水平轴线处两个半圆形

操作方法： 因绘制平面图的一半，因此水平轴线处绘制两个半圆形。小圆形的轴线线型使用功能修改为点画线。

操作命令： CIRCLE、OFFSET、LINE、TRIM、MATCHPROP 等。

命令：MATCHPROP

选择源对象：

当前活动设置：颜色 图层 线型 线型比例 线宽 透明度 厚度 打印样式 标注 文字 图案填充 多段线 视口 表格材质 阴影显示 多重引线

选择目标对象或 [设置(S)]：

选择目标对象或 [设置(S)]：

选择目标对象或 [设置(S)]：（回车）

操作示意： 见图 6-34。

图 6-34　绘制轴线处的上部圆形及水平轴线处两个半圆形

（15）创建平面图左侧端部构造平面图形

操作方法： 平面图左侧端部构造大小按设计确定的尺寸。

操作命令： LINE、TRIM、OFFSET、ROTATE、EXTEND、CIRCLE 等。

操作示意： 见图 6-35。

（16）创建平面图右侧端部构造平面图形

操作方法：平面图右侧端部构造大小按设计确定的尺寸。

操作命令：LINE、TRIM、OFFSET、ROTATE、EXTEND、CIRCLE 等。

操作示意：见图 6-36。

图 6-35　创建平面图左侧端部构造平面图形　　　图 6-36　创建平面图右侧端部构造平面图形

（17）完成虎钳平面图的上半部平面图形绘制

操作方法：绘图操作中及时保存图形。

操作命令：ZOOM、SAVE 等。

操作示意：见图 6-37。

图 6-37　完成虎钳平面图的上半部平面图形绘制

（18）进行镜像快速得到整个虎钳平面图

操作方法：进行镜像的轴线为水平轴线。

操作命令：MIRROR 等。

命令：MIRROR

选择对象：指定对角点：找到 79 个

选择对象：

指定镜像线的第一点：指定镜像线的第二点：

要删除源对象吗？［是(Y)/否(N)］ <N>：N

操作示意：见图 6-38。

（19）进行尺寸标注、文字标注、剖切号标注等

操作方法：文字、尺寸标注内容按设计要求。先使用 STYLE、DIMSTYLE 设置文字样式、标注样式，再使用 DIMLINEAR 等进行标注。

操作命令：STYLE、DIMSTYLE、DIMLINEAR、MTEXT、SCALE、MOVE、DIMDIAMETER、DIMRADIUS 等。

图 6-38　得到整个虎钳平面图

① 命令:DIMLINEAR
指定第一条尺寸界线原点或 <选择对象>:
指定第二条尺寸界线原点:
创建了无关联的标注。
指定尺寸线位置或
[多行文字(M)/文字(T)/角度(A)/水平(H)/垂直(V)/旋转(R)]:
标注文字 = 79
② 命令:DIMDIAMETER
选择圆弧或圆:
标注文字 = 11
指定尺寸线位置或 [多行文字(M)/文字(T)/角度(A)]:
③ 命令: DIMRADIUS
选择圆弧或圆:
标注文字 = 12
指定尺寸线位置或 [多行文字(M)/文字(T)/角度(A)]:
操作示意: 见图 6-39。

图 6-39　进行尺寸标注等

（20）绘制虎钳装配图其他图形（侧面图、剖面图）

操作方法：虎钳的其他图形绘制方法类似，限于篇幅，具体绘制过程在此从略。

操作命令：LINE、OFFSET、CHAMFER、FILLET、CIRCLE、TRIM、EXTEND、MTEXT、LEADER 等。

操作示意：见图 6-40。

图 6-40　绘制虎钳装配图其他图形

（21）虎钳装配图中文字尺寸的分数形式标注方法介绍

操作方法：使用 MTEXT 功能命令即可完成，具体参见下一步介绍。

操作命令：ZOOM 等。

操作示意：见图 6-41。

图 6-41　虎钳装配图分数形式标注方法

（22）先使用 DIMLINEAR 等尺寸标注功能命令进行标注

操作方法：然后选择已标注尺寸，快速双击鼠标左键弹出"文字格式"对话框。

操作命令：DIMLINEAR 等。

操作示意：见图 6-42。

图 6-42　弹出"文字格式"对话框

（23）进入"文字格式"对话框中进行修改

操作方法：对"φ18"，可以输入"%%C18"即可得到；对分数形式表示的数值，输入"H5/f8"
后，按住鼠标左键选择该文字，再单击"文字格式"对话框图标中的"堆叠"。

操作命令：对话框操作。

操作示意：见图 6-43。

图 6-43　在对话框中进行修改

（24）单击"确定"即可得到

操作方法：包括直径、半径其他方向的分数表示绘制方法相同。

操作命令：对话框操作。

操作示意：见图 6-44。

图 6-44　得到分数表示形式

（25）绘制虎钳的剖面图、详图

操作方法：虎钳的剖面图、详图绘制方法类似，限于篇幅，具体绘制过程在此从略。

操作命令：LINE、OFFSET、TRIM、STRETCH、MTEXT、TEXT、SCALE、MOVE 等。

操作示意：见图 6-45。

图 6-45　绘制虎钳的剖面图、详图

（26）标注虎钳装配图中的文字说明、说明表格等

操作方法：文字内容按设计确定。

操作命令：MTEXT、TEXT、SCALE、MOVE、LINE、OFFSET、TRIM、STRETCH 等。

操作示意：见图 6-46。

技 术 要 求

1. 铸件不得有气孔、裂纹等缺陷；

2. 未注圆角为R3～5；

3. 螺杆8和环7上的圆锥销孔配作。

11	0210712-9	垫圈	1	Q235-A	
10	0210712-5	螺钉	4	Q235-A	GB68-85
9	0210712-9	螺母	1	HT150	
8	0210712-9	螺杆	1	45	
7	0210712-8	环	1	35	
6	0210712-7	销	1	35	GB117-86
5	0210712-6	垫圈	1	Q235-A	
4	0210712-5	活动钳身	1	HT150	
3	0210712-4	螺钉	1	45	
2	0210712-3	钳口板	2	45	
1	0210712-2	固定钳身	1	HT150	

图 6-46 标注虎钳装配图文字说明等

（27）完成虎钳装配图绘制

操作方法：可以打印输出或转换为 PDF、JPG 格式图形文件。

操作命令：PLOT、ZOOM、SAVE 等。

操作示意：见图 6-47。

图 6-47 完成虎钳装配图绘制

第 7 章

机械零件轴测图 CAD 快速绘制

本章详细介绍机械零件轴测图 CAD 快速绘制方法。轴测图是反映物体的三维形状和二维图形，具有较强的立体感，能帮人们更快捷更清楚地认识机械产品构造。绘制一个零件的轴测图实际是在二维平面图中完成，相对三维图形操作更简单。

为便于学习 CAD 绘图技能，本书提供本章讲解实例的 CAD 图形（dwg 格式图形文件）供学习使用。读者连接互联网后可以到如下任一地址下载，图形文件仅供学习参考：

百度网盘（下载地址为：http://pan.baidu.com/share/link?shareid=1516476058&uk=605274645）

7.1 轴测图基本 CAD 绘制方法

轴测图是指将物体连同确定物体位置的坐标系，沿不平行于任一坐标面的方向，用平行投影法投射到单一投影面上所得到的图形。轴测图能同时反映物体长、宽、高三个方向的尺寸，富有立体感，在许多工程领域，常作为辅助性图样。图 7-1 为常见的某机械零件轴测图。

图 7-1 一些常见机械零件轴测图

7.1.1 轴测图的基本知识

轴测图分为正轴测图和斜轴测图两大类，正轴测图采用正投影法，斜轴测图采用斜投影法。正投影图特点：形体的多数表面垂直或平行投影面(正放)，用正投影法得到，缺乏立体感，如图 7-2（a）所示。斜轴测图特点：不改变物体与投影面的相对位置(物体正放)，用斜投影法作出物体的投影，如图 7-2（b）所示。工程上常用正等测图和斜二测图，如图 7-2（c）所示。

当物体上的三根直角坐标轴与轴测投影面的倾角相等时，用正投影法所得到的图形，称为正等轴测图，简称正等测。正等轴测图中的三个轴间角相等，都是 120°，其中 Z 轴规定画成铅垂方向。正等轴测图的坐标轴，简称轴测轴，如图 7-2（d）所示。

（a）正投影图　　　　　　　　　　　　　　　（b）斜轴测图

正等测轴测图　　　　　　斜二测轴测图

（c）正等测图和斜二测图　　　　　　　　　（d）正等轴测图的轴间角

图 7-2　轴测图分类

7.1.2 轴测图的基本绘制方法

绘制平面立体轴测图的方法，有坐标法、切割法和叠加法三种。

（1）坐标法

坐标法是绘制轴测图的基本方法。根据立体表面上各顶点的坐标，分别画出它们的轴测投影，然后依次连接成立体表面的轮廓线。例如，根据三视图，画四棱柱的正等轴测图步骤如下，如图 7-3 所示。

① 在两面视图中，画出坐标轴的投影；

② 画出正等测的轴测轴，$\angle X_1O_1Y_1 = \angle X_1O_1Z_1 = \angle Y_1O_1Z_1 = 120°$；

③ 量取 $O_12 = O2$，$O_14 = O4$；

④ 分别过 2、4 作 O_1Y_1、O_1X_1 的平行线，完成底面投影；

⑤ 过底面各顶点作 O_1Z_1 轴的平行线，长度为四棱柱高度；

⑥ 依次连接各顶点，完成正等轴测图。

需要注意的是，不可见的虚线可不画出。

(a) 三视图　　　　　　　　　　　(b) 正等轴测图

图 7-3　坐标法绘制轴测图

(2) 切割法

有的形体可看成是由基本体截断、开槽、穿孔等变化而成的。画这类形体的轴测图时，可先画出完整的基本体轴测图，然后切去多余部分。例如，已知三视图[图 7-4 (a)]，画形体的正等轴测图。从投影图可知，该立体是在长方形箱体的基础上，逐步切去左上方的四棱柱、右前方的三棱柱和左下端方槽后形成的。绘图时先用坐标法画出长方形箱体，然后逐步切去各个部分，绘图步骤如图 7-4 所示。

(a)选坐标　　　　　　　(b)画长方体　　　　　　(c)切去左上部四棱柱

(d)切去右前部三棱柱　　　(e)切去左端部四棱柱　　　(f)整理、完成全图

图 7-4　切割法绘制轴测图

(3) 叠加法

适用于叠加而形成的组合体，它依然以坐标法为基础，根据各基本体所在的坐标，分别画出各立体的轴测图。例如，已知三视图[图 7-5 (a)]，绘制其轴测图。该组合体由底板 I、背板 II、右侧板 III 三部分组成。利用叠加法，分别画出这三部分的轴测投影，擦去看不见的图线，即得该组合体的轴测图，绘制步骤如下，如图 7-5 所示。

① 在视图上定坐标,将组合体分解为三个基本形体;
② 画轴测轴,沿轴向分别量取坐标 x_1、y_1 和 z_1,画出形体Ⅰ;
③ 根据坐标 z_2 和 y_2 画形体Ⅱ;根据坐标 x_3 和 z_3 切割形体Ⅱ;
④ 根据坐标 x_2 画形体Ⅲ;
⑤ 擦去作图线,描粗加深,得到轴测图。

图 7-5　叠加法绘制轴测图

7.2　轴测图 CAD 绘制基本操作方法　‹‹‹

7.2.1　等轴测图绘制模式设置方法

　　一个实体的轴测投影只有三个可见平面,为了便于绘图,应将这三个面作为画线、找点等操作的基准平面,并称它们为轴测平面,根据其位置的不同,分别称为左轴测面、右轴测面和顶轴测面。当激活轴测模式之后,就可以分别在这三个面间进行切换。如一个长方体在轴测图中的可见边与水平线夹角分别是 30°、90° 和 120°,如图 7-6 所示。

　　在 AutoCAD 环境中要绘制轴测图形,首先应进行激活设置才能进行绘制。选择"工具"下拉菜单中"绘图设置"菜单命令,打开"草图设置"对话框,在"捕捉和栅格"选项卡中选择"等轴测捕捉"单选项,然后单击"确定"按钮即可激活,如图 7-7 所示。

　　另外,用户也可以在命令行"命令:"中输入"snap",再根据命令行的提示选择"样式

（S）"选项，再选择"等轴测（I）"选项，最后输入垂直间距为 1，如图 7-7 所示。

图 7-6　轴测图的视图和角度

图 7-7　进行激活设置

命令：snap

指定捕捉间距或 [开(ON)/关(OFF)/纵横向间距(A)/样式(S)/类型(T)] <10.0000>：S

输入捕捉栅格类型 [标准(S)/等轴测(I)] <S>：I

指定垂直间距 <10.0000>：1

用户在对三个等轴面进行切换时，可按"F5"或"Ctrl+E"依次切换上、右、左三个面，其鼠标指针的形状如图 7-8 所示，分别为等轴测平面俯视、右视、左视。

图 7-8　不同轴测视图中的鼠标形状

7.2.2　等轴测图绘制模式下直线绘制方法

（1）输入数值法绘制直线

当通过坐标的方式来绘制直线时，可按以下方法来绘制。

① 与 X 轴平行的线，极坐标角度应输入 30°，如@100<30。

② 与 Y 轴平行的线，极坐标角度应输入 150°，如@100<150。

③ 与 Z 轴平行的线，极坐标角度应输入 90°，如@100<90。

④ 所有不与轴测轴平行的线，则必须先找出直线上的两个点，然后通过连线，如图 7-9 所示。

图 7-9　输入数值法绘制直线

命令:LINE
指定第一点:
指定下一点或 [放弃(U)]: @100<30
指定下一点或 [放弃(U)]: @100<150
指定下一点或 [闭合(C)/放弃(U)]: @100<90
指定下一点或 [闭合(C)/放弃(U)]:

(2) 在激活轴测状态下绘制直线

在激活轴测状态下，打开"正交"模式，绘制一个长度为 100mm 的正方体图，可通过以下方法来绘制。

① 在"工具"下拉菜单"绘图设置"对话框的"捕捉与栅格"选项卡下选择"等轴测捕捉"单选项，来激活等轴测模式，再按"F8"键启动正交模式，则当前为左轴测面。

② 执行"直线"命令（LINE），根据命令行的提示绘制如图 7-10 所示的左侧面。

图 7-10　绘制左侧面

命令：<等轴测平面 左视>
命令：LINE
指定第一点：

指定下一点或 [放弃(U)]: 100
指定下一点或 [放弃(U)]: <正交 开> 100
指定下一点或 [闭合(C)/放弃(U)]:100
指定下一点或 [闭合(C)/放弃(U)]:100
指定下一点或 [闭合(C)/放弃(U)]: C
已在 (2334.9826, 452.6106, 0.0000) 创建零长度直线

③ 按"F5"键切换至顶轴测面，再执行"多段线"命令（PLINE），根据命令行提示绘制如图7-11所示的顶侧面。

图7-11 绘制顶侧面

命令: <等轴测平面 俯视>
命令: PLINE
指定起点:
当前线宽为 0.0000
指定下一个点或 [圆弧(A)/半宽(H)/长度(L)/放弃(U)/宽度(W)]: 100
指定下一点或 [圆弧(A)/闭合(C)/半宽(H)/长度(L)/放弃(U)/宽度(W)]: 100
指定下一点或 [圆弧(A)/闭合(C)/半宽(H)/长度(L)/放弃(U)/宽度(W)]: 100
指定下一点或 [圆弧(A)/闭合(C)/半宽(H)/长度(L)/放弃(U)/宽度(W)]: （回车）

④ 再按"F5"键切换至右轴测面，再执行"直线"命令（LINE）或"多段线"命令（PLINE），根据命令行提示绘制如图7-12所示的右侧面。

图7-12 绘制右侧面

命令: <等轴测平面 右视>
命令: LINE
指定第一点:

指定下一点或 [放弃(U)]: 100
指定下一点或 [放弃(U)]: 100
指定下一点或 [闭合(C)/放弃(U)]:

7.2.3 等轴测图绘制模式下圆形绘制方法

圆的轴测投影是椭圆，当圆位于不同的轴测面时，投影椭圆长、短轴的位置是不相同的。首先激活轴测图模式，再按"F5"键选定画圆的投影面，再执行"椭圆"命令（ELLIPSE），并根据命令行提示选择"等轴测圆（I）"选项，再指定圆心点，最后指定椭圆的半径即可。

例如，在图 7-13 所示正方体轴测图顶面绘制一直径为 50mm 的圆的方法如下。

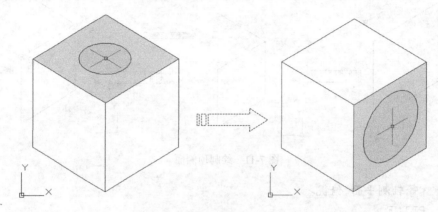

图 7-13 正方体轴测图中的圆形绘制

① 首先按"F5"键切换至顶轴测面，如图 7-14 所示。

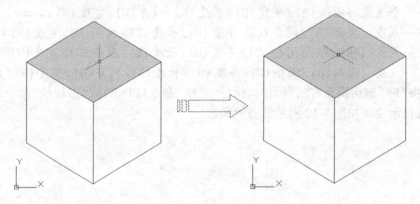

图 7-14 按"F5"键切换至顶轴测面

命令: <等轴测平面 俯视>

② 再执行"椭圆"命令（ELLIPSE），在命令行中选择"等轴测圆（I）"选项；再按 F10、F11 启动相应追踪捕捉功能，捕捉对角线交叉点作为椭圆的圆心点，再输入半径为 25，如图 7-15 所示。

命令: ELLIPSE
指定椭圆轴的端点或 [圆弧(A)/中心点(C)/等轴测圆(I)]: I
指定等轴测圆的圆心:
指定等轴测圆的半径或 [直径(D)]: 25

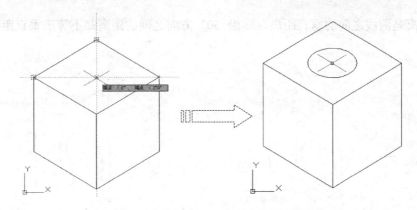

图 7-15　执行 ELLIPSE 绘制圆形轴测图

③ 注意轴测图中绘圆之前一定要利用 F5 切换不同面，切换到与圆所在的平面对应的轴测面，这样才能使椭圆看起来是在轴测面内，否则将显示不正确，如图 7-16 所示。

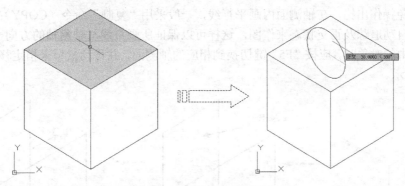

图 7-16　未切换正确的视图状态

④ 另外，使用圆形功能命令 CIRCLE 绘制轴测图中的圆形也不准确，如图 7-17 所示。

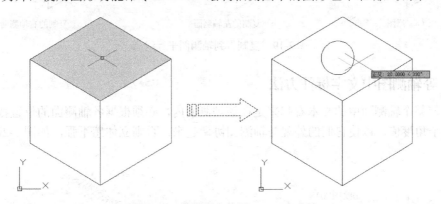

图 7-17　轴测图中使用 CIRCLE 命令

命令：CIRCLE
指定圆的圆心或 [三点(3P)/两点(2P)/切点、切点、半径(T)]：
指定圆的半径或 [直径(D)]：25

7.2.4　等轴测面内平行线绘制方法

轴测面内绘制平行线，不能直接用"偏移"命令（OFFSET）进行，因为"偏移"命令中的偏移距离是两线之间的垂直距离，而沿 30°方向之间的距离却不等于垂直距离，如图7-18 所示。

（a）使用 OFFSET 得到的平行线　　　　　　（b）使用 COPY 得到的平行线

图 7-18　等轴测面中平行线绘制

为了避免操作出错，在轴测面内画平行线，一般采用"复制"命令（COPY）；可以结合自动捕捉、自动追踪及正交状态来作图，这样可以保证所画直线与轴测轴的方向一致。在复制轴测图面中的对象时，应按"F5"键切换到相应的轴测面，并移动鼠标来指定移动的方向，如图 7-19 所示。

（a）原图　　　　　　　　　（b）复制的左轴测面　　　　　　　　（c）复制的右轴测面

图 7-19　复制得到轴测图平行线

7.2.5　等轴测图中文字标注方法

为了使某个轴测面中的文本看起来是在该轴测面内，必须根据各轴测面的位置特点将文字倾斜某个角度值，以使它们的外观与轴测图协调起来，否则立体感不强，如图 7-20 所示。

图 7-20　等轴测图文字标注

（1）文字倾斜角度设置

执行"格式"下拉菜单中"文字样式"菜单命令，弹出"文字样式"对话框，在"倾斜角度"文本框中，根据轴测图的不同轴测面来分别设置不同的倾斜角度即可，其中倾斜角度可以为正或负值（如30、–30等），然后单击"应用"按钮，然后点击"置为当前"，最后关闭对话框，如图7-21所示。

图 7-21　设置文本的倾斜角度

（2）在等轴测面上各文字符号的倾斜规律

文字的倾斜角与文字的旋转角是不同的两个概念，前者在水平方向左倾（0°～-90°之间）或右倾（0°～90°之间）的角度，后者是绕以文字起点为原点进行 0°～360°间的旋转，也就是在文字所在的轴测面内旋转。

① 在左轴测面上，文字需采用–30°倾斜角，同时旋转–30°角。

② 在右轴测面上，文字需采用 30°倾斜角，同时旋转 30°角。

③ 在顶轴测面上，根据方向不同，文字需采用–30°倾斜角、旋转角为30°；文字采用30°倾斜角，旋转角为–30º。如图7-22所示。

（a）文字采用–30°倾斜角，旋转角为30°

（b）文字采用 30°倾斜角，旋转角为–30º

图 7-22　轴测图中文字角度设置方法

命令：ROTATE
UCS 当前的正角方向：ANGDIR=逆时针　ANGBASE=0
找到 1 个
指定基点：
指定旋转角度，或 [复制(C)/参照(R)] <0>： -30

7.2.6　等轴测图中尺寸标注方法

为了让某个轴测面内的尺寸标注看起来是在这个轴测面中，就需要将尺寸线、尺寸界线倾斜某一个角度，以使它们与相应的轴测轴平行。同时，标注文本也必须设置成倾斜某一角度的形式，才能使文本的外观具有立体感。

正等轴测图中的线性尺寸的尺寸界线应平行于轴测轴[如图 7-2（d）所示]，而 AutoCAD 中用线性标注命令 DIMLINEAR 在任何图上标注的尺寸线都是水平或竖直的，所以在标注轴测图尺寸时，除竖直尺寸线外，需要用"对齐标注"命令（DIMALIGNED）。

为了符合视觉效果，还需要对尺寸界线和尺寸数字的方向进行调整，使尺寸线与尺寸界线不垂直，尺寸数字的方向与尺寸界线的方向一致，且尺寸数字与尺寸线、尺寸界线应在一个平面内。如图 7-23 所示。

图 7-23　轴测图中的尺寸标注

（1）设置文字样式

在等轴测图中标注平行于轴测面的线性尺寸，尺寸的文字样式倾斜方向要求如下。

① 在 XOY 轴测面上，当尺寸界线平行于 X 轴时，文字样式倾角为 30°；当尺寸界线平行于 Y 轴时，文字样式倾角为–30°。

② 在 YOZ 轴测面上，当尺寸界线平行于 Y 轴时，文字样式倾角为 30°；当尺寸界线平行于 Z 轴时，文字样式倾角为–30°。

③ 在 XOZ 轴测面上，当尺寸界线平行于 X 轴时，文字样式倾角为–30°；当尺寸界线平行于 Z 轴时，文字样式倾角为 30°。

因此，各轴测面内的尺寸中文字样式的倾斜分为 30°或–30°两种情况，在轴测图尺寸标注前，应首先建立倾角分别为 30°或–30°两种文字样式，应用合适的文字样式控制尺寸数字的倾斜角度，就能保证尺寸线、尺寸界线和尺寸数值看起来是在一个平面内。

打开"格式"下拉菜单选择"文字样式"菜单命令，弹出"文字样式"对话框（或在"命令："输入"STYLE"功能命令）。首先新建文字样式"样式+30"，并设置字体为"gbeitc"和倾斜角度为 30；同样，再新建文字样式"样式–30"，并设置字体为"gbeitc"和倾斜角度为–30，如图 7-24 所示。然后点击"应用"、"关闭"即可。

图 7-24　建立文字样式

(2) 调整尺寸界线与尺寸线的夹角

尺寸界线与尺寸线均倾斜，需要通过倾斜命令 DIMEDIT 来完成，当尺寸界线与 X 轴平行时，倾斜角度为 30°；当尺寸界线与 Y 轴平行时，倾斜角度为–30°；当尺寸界线与 Z 轴平行时，倾斜角度为 90°。

操作方法是打开"标注"下拉菜单选择"倾斜"命令选项，即可将选中的尺寸倾斜需要的角度，根据轴测图方向进行尺寸角度倾斜即可得到需要的结果，如图 7-25 所示。

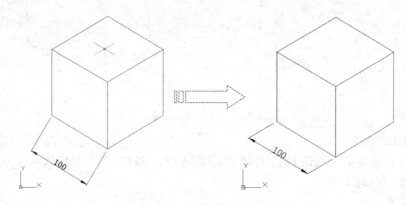

图 7-25　调整标注尺寸夹角

命令：DIMEDIT
输入标注编辑类型 [默认(H)/新建(N)/旋转(R)/倾斜(O)] <默认>：_O
选择对象：找到 1 个
选择对象：
输入倾斜角度 (按 Enter 表示无)：30

(3) 等轴测图尺寸标注示例

① 按前述方法使用"STYLE"功能命令建立新的文字样式"样式+30"、"样式–30"。

② 先使用"对齐标注"命令进行轴测图尺寸标注。在"尺寸标注"工具栏中的单击"对齐标注"按钮，对图形进行对齐标注操作，此时不必选择什么文字样式，如图 7-26 所示。

命令：DIMALIGNED
指定第一个尺寸界线原点或 <选择对象>：
指定第二条尺寸界线原点：
指定尺寸线位置或[多行文字(M)/文字(T)/角度(A)]：
标注文字 = 100

图 7-26　对齐标注

③　然后倾斜尺寸。打开"标注"下拉菜单选择"倾斜"命令选项，即可将选中的尺寸倾斜需要的角度，分别将尺寸为 90 的倾斜 30°，将尺寸为 80 的倾斜 90°，将尺寸为 100 的倾斜-30°，即可得到如图 7-27 所示的结果。

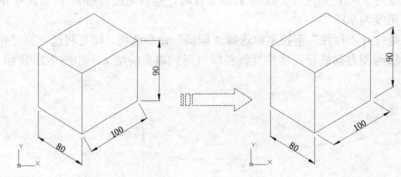

图 7-27　倾斜标注尺寸

命令：DIMEDIT
输入标注编辑类型 [默认(H)/新建(N)/旋转(R)/倾斜(O)] <默认>：_O
选择对象：找到 1 个
选择对象：
输入倾斜角度 (按 Enter 表示无)：90

④　然后修改标注文字样式。将尺寸分别为 90、80 和 100 的标注样式中的"文字样式"修改为"样式-30"，即可完成规范的等轴测图的尺寸标注，如图 7-28 所示。

图 7-28　修改标注文字样式

7.3　机械零件轴测图 CAD 绘制实例

本节案例以图 7-29 所示的机械零件轴测图为例，讲解机械零件轴测图 CAD 快速绘制方法。其他机械零件轴测图绘制方法类似（注：机械零件的平面视图的绘制在此不作介绍，从略）。

（a）平面视图　　　　　　　　　　　　（b）轴测图

图 7-29　某机械零件轴测图

（1）激活为等轴测图绘图状态，然后按"F5"键切换至顶轴测图

操作方法：选择"工具"下拉菜单中"绘图设置"菜单命令，打开"草图设置"对话框，在"捕捉和栅格"选项卡中选择"等轴测捕捉"单选项，然后单击"确定"按钮即可激活。

操作命令：SNAP、F5 按键等。

① 命令：SNAP

指定捕捉间距或 [开(ON)/关(OFF)/纵横向间距(A)/样式(S)/类型(T)]
<10.0000>：S

输入捕捉栅格类型 [标准(S)/等轴测(I)] <S>：I

指定垂直间距 <10.0000>：1

② 命令： <等轴测平面 俯视>

操作示意：见图 7-30。

图 7-30　切换至顶轴测图

（2）进行机械零件轴测图底部矩形轮廓绘制

操作方法：按"F8"键切换到"正交"模式，然后执行"直线"命令（LINE），绘制 80

mm×50mm 的矩形对象。

操作命令：LINE 等。

命令：LINE

指定第一点：

指定下一点或 [放弃(U)]：80

指定下一点或 [放弃(U)]：50

指定下一点或 [闭合(C)/放弃(U)]：80

指定下一点或 [闭合(C)/放弃(U)]：C

操作示意：见图 7-31。

图 7-31　绘制底部矩形轮廓

(3) 执行"复制"命令进行复制

操作方法：按"F5"键切换至右轴测图，将绘制的对象垂直向上复制，复制的距离为 10mm。

操作命令：COPY 等。

① 命令：<等轴测平面 右视>

② 命令：COPY

选择对象：找到 1 个

选择对象：指定对角点：找到 2 个，总计 3 个

选择对象：找到 1 个，总计 4 个

选择对象：

当前设置：复制模式 = 多个

指定基点或 [位移(D)/模式(O)] <位移>：

指定第二个点或 [阵列(A)] <使用第一个点作为位移>：10

指定第二个点或 [阵列(A)/退出(E)/放弃(U)] <退出>：

操作示意：见图 7-32。

图 7-32　复制矩形

（4）对上下图形轮廓进行连接

操作方法： 执行"直线"命令来连接直线段，从而绘制长方体对象。

操作命令： LINE 等。

命令:LINE

指定第一点：

指定下一点或 ［放弃(U)］：

指定下一点或 ［放弃(U)］：

操作示意： 见图 7-33。

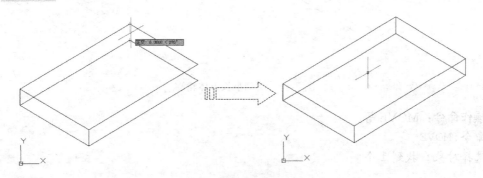

图 7-33　对上下图形轮廓进行连接

（5）绘制小长方体轮廓

操作方法： 按"F5"键切换至顶轴测图，然后按前述大长方体同样的方法，绘制 30 mm×80mm×5mm 的小长方体对象。

操作命令： LINE、COPY 等。

① 命令：＜等轴测平面　俯视＞

② 命令：LINE

指定第一点：

指定下一点或 ［放弃(U)］：80

指定下一点或 ［放弃(U)］：30

指定下一点或 ［闭合(C)/放弃(U)］：80

指定下一点或 ［闭合(C)/放弃(U)］：C

③ 命令：COPY

选择对象：找到 1 个

选择对象：指定对角点：找到 2 个，总计 3 个

选择对象：找到 1 个，总计 4 个

选择对象：

当前设置：复制模式 = 多个

指定基点或 ［位移(D)/模式(O)］＜位移＞：

指定第二个点或 ［阵列(A)］＜使用第一个点作为位移＞：5

指定第二个点或 ［阵列(A)/退出(E)/放弃(U)］＜退出＞：

操作示意： 见图 7-34。

（6）执行"移动"命令，将绘制的小长方体移至大长方体相应的中点位置

操作方法： 按 F3 按键启动捕捉功能，选择小长方体的端部底边轮廓线中心点作为移动

基点，然后选择大长方体端部顶边轮廓线中心点作为移动第二个点。同时结合 F8 按键进行操作。

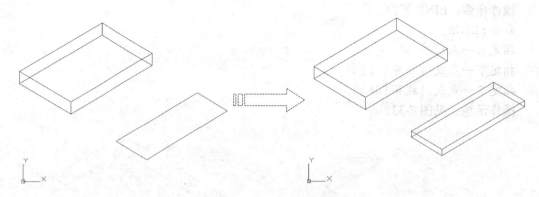

图 7-34　绘制小长方体轮廓

操作命令：MOVE 等。

命令:MOVE

选择对象：找到 1 个

……

选择对象：指定对角点：找到 8 个，总计 11 个

选择对象：指定对角点：找到 1 个，总计 12 个

选择对象：

指定基点或 [位移(D)] <位移>:

指定第二个点或 <使用第一个点作为位移>: <正交 关>

操作示意：见图 7-35。

图 7-35　小长方体移至大长方体相应的中点位置

（7）进行长方体线条修剪及删除

操作方法：根据效果执行"修剪"命令，将多余的线段进行修剪。

操作命令：TRIM、ERASE 等。

命令:TRIM

当前设置:投影=UCS，边=无

选择剪切边……

选择对象或 <全部选择>: 找到 1 个

选择对象：找到 1 个，总计 2 个

选择对象：

选择要修剪的对象，或按住 Shift 键选择要延伸的对象，或[栏选(F)/窗交(C)/投影(P)/边(E)/删除(R)/放弃(U)]：　指定对角点：

选择要修剪的对象，或按住 Shift 键选择要延伸的对象，或[栏选(F)/窗交(C)/投影(P)/边(E)/删除(R)/放弃(U)]：

操作示意：见图 7-36。

图 7-36　进行长方体线条修剪及删除

（8）结合捕捉功能绘制辅助线

操作方法：按 "F5" 键切换至顶轴测图，执行 "直线" 命令，过相应中点绘制辅助中心线，再执行 "复制" 命令，将指定直线段水平向右复制 10mm 和 15mm。可以将其复制的直线段线型转换为点画线线型作为 "中心线" 对象。

操作命令：LINE、COPY 等。

命令：COPY

选择对象：找到 1 个

选择对象：

当前设置：复制模式 = 多个

指定基点或 [位移(D)/模式(O)] <位移>：

指定第二个点或 [阵列(A)] <使用第一个点作为位移>：17.5

指定第二个点或 [阵列(A)/退出(E)/放弃(U)] <退出>：37.5

指定第二个点或 [阵列(A)/退出(E)/放弃(U)] <退出>：

操作示意：见图 7-37。

图 7-37　绘制辅助线

（9）绘制轴测图中的 2 个小圆形

操作方法：执行"椭圆"命令，根据命令行提示选择"等轴测圆（I）"选项，分别指定中心线的交点作为圆心点，以及输入圆的半径值为 7.5mm；再执行直线等命令，连接相应的交点。

操作命令：ELLIPSE、LINE 等。

命令：ELLIPSE

指定椭圆轴的端点或 [圆弧(A)/中心点(C)/等轴测圆(I)]：I

指定等轴测圆的圆心：

指定等轴测圆的半径或 [直径(D)]：7.5

操作示意：见图 7-38。

图 7-38　绘制轴测图中的 2 个小圆形

（10）对小圆形进行剪切

操作方法：通过修剪操作，形成长椭圆效果。

操作命令：TRIM 等。

操作示意：见图 7-39。

图 7-39　对小圆形进行剪切

（11）对长椭圆进行复制

操作方法：按"F5"键转换至右轴测图，将该长椭圆效果垂直向下复制，复制的距离为 5mm。

操作命令：COPY 等。

命令：COPY

选择对象：找到 1 个

选择对象：找到 1 个，总计 2 个
选择对象：找到 1 个，总计 3 个
选择对象：找到 1 个，总计 4 个
选择对象：
当前设置： 复制模式 = 多个
指定基点或 [位移(D)/模式(O)] <位移>：
指定第二个点或 [阵列(A)] <使用第一个点作为位移>： 5
指定第二个点或 [阵列(A)/退出(E)/放弃(U)] <退出>：
操作示意：见图 7-40。

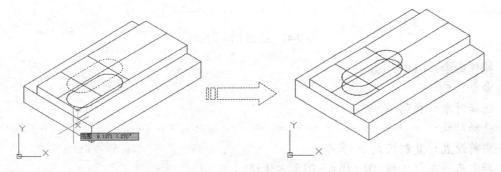

图 7-40　对长椭圆进行复制

(12) 对复制的长椭圆进行修剪

操作方法：执行修剪、删除等命令，将多余的对象进行修剪、删除，从而形成键槽效果。

操作命令：TRIM、ERASE 等。

操作示意：见图 7-41。

图 7-41　对复制的长椭圆进行修剪

(13) 绘制机械零件轴测图中的大圆形轮廓

操作方法：按"F5"键切换至顶轴测图，先复制底边轮廓线作为辅助线。执行"椭圆"命令，根据命令行提示选择"等轴测圆(I)"选项，分别指定中心线的交点作为圆心点，以及输入圆的半径值为 25mm。

操作命令：COPY、ELLIPSE 等。

操作示意：见图 7-42。

(14) 对大圆形进行复制

操作方法：再执行复制命令，按"F5"键转换至右轴测图，将该等轴测圆对象垂直向上复制，复制的距离分别为 10mm、15mm 和 40mm。

图 7-42　绘制大圆形轮廓

操作命令：COPY 等。

命令：COPY

选择对象：找到 1 个

选择对象：

当前设置：复制模式 = 多个

指定基点或 [位移(D)/模式(O)] <位移>：

指定第二个点或 [阵列(A)] <使用第一个点作为位移>：10

指定第二个点或 [阵列(A)/退出(E)/放弃(U)] <退出>：<正交 开> 15

指定第二个点或 [阵列(A)/退出(E)/放弃(U)] <退出>：40

指定第二个点或 [阵列(A)/退出(E)/放弃(U)] <退出>：

操作示意：见图 7-43。

图 7-43　对大圆形进行复制

（15）连接复制得到的各个大圆形轮廓线

操作方法：捕捉象限点进行绘制。

操作命令：LINE 等。

操作示意：见图 7-44。

（16）对复制得到的各个大圆形轮廓线进行修剪

操作方法：执行"修剪"命令，将多余的圆弧和直线段进行修剪，并删除多余线条。注意中间 2 个大圆形要连接部分短轮廓线。

图 7-44　连接各个大圆形轮廓线

操作命令：TRIM、ERASE、LINE 等。

操作示意：见图 7-45。

图 7-45　修剪大圆形轮廓线

（17）继续进行修剪，直至完成

操作方法：注意各个轮廓线关系。

操作命令：TRIM、LINE 等。

操作示意：见图 7-46。

图 7-46　继续进行修剪

（18）在轴测图中创建大圆形中间的中圆形轮廓

操作方法：按"F5"键转换至顶轴测图。执行"椭圆"命令，根据命令行提示选择"等轴测圆（I）"选项，捕捉指定大圆形的圆心位置作为圆心点，以及输入圆的半径值为 15mm。

操作命令：ELLIPSE 等。

命令：ELLIPSE

指定椭圆轴的端点或 [圆弧(A)/中心点(C)/等轴测圆(I)]：I

指定等轴测圆的圆心：

指定等轴测圆的半径或 [直径(D)]：15

操作示意：见图 7-47。

图 7-47　创建大圆形中间的中圆形轮廓

（19）完成机械零件的轴测图绘制

操作方法：及时保存图形。

操作命令：ZOOM、SAVE 等。

操作示意：见图 7-48。

图 7-48　完成机械零件的轴测图绘制

（20）进行机械零件轴测图尺寸及文字标注

操作方法：轴测图的尺寸、文字标注方法参见前面小节所述，限于篇幅，具体标注操作过程在此从略。其他轴测图绘制方法类似，按前述方法练习绘制图 7-49 所示零件轴测图。

操作命令：DIMALIGNED、DIMEDIT、MTEXT、PLINE 等。

① 命令：DIMALIGNED

指定第一条尺寸界线原点或 <选择对象>：

指定第二条尺寸界线原点：

创建了无关联的标注。

图 7-49 零件轴测图练习案例

指定尺寸线位置或

[多行文字(M)/文字(T)/角度(A)]：

标注文字 = 50

② 命令：DIMEDIT

输入标注编辑类型 [默认(H)/新建(N)/旋转(R)/倾斜(O)] <默认>：_O

选择对象：找到 1 个

选择对象：

输入倾斜角度 (按 Enter 表示无)：90

操作示意：见图 7-50。

图 7-50 零件轴测图尺寸及文字标注

第 **8** 章

机械设计 CAD 三维图形基本绘制与修改方法

本章详细介绍机械设计三维基本图形 CAD 快速绘制及修改方法，包括长方体、球体、等三维基本图形的 CAD 绘制方法，三维移动、三维镜像、三维旋转等三维基本图形 CAD 修改方法。图 8-1 为一些常见的机械设计三维图形。

图 8-1　常见机械设计三维图形

8.1 AutoCAD 三维坐标系快速入门

8.1.1 AutoCAD 三维空间坐标系

在三维空间中创建对象时，可以使用笛卡尔坐标、柱坐标或球坐标定位点。

（1）三维笛卡尔坐标

三维笛卡尔坐标通过使用三个坐标值来指定精确的位置：X、Y 和 Z。使用 AutoCAD 进行三维空间图形的绘制时，图形对象位置点由 3 个坐标确定，即（X、Y、Z）。其坐标系由 X、Y、Z 轴构成，如图 8-2 所示图中，坐标值(3,2,5)表示一个沿 X 轴正方向 3 个单位，沿 Y 轴正方向 2 个单位，沿 Z 轴正方向 5 个单位的点。

图 8-2 三维笛卡尔坐标系

AutoCAD 在屏幕上三维笛卡尔坐标系的表示形式，如图 8-3 所示。

图 8-3 三维笛卡尔坐标系常见形式

（2）三维相对直角坐标

在 AutoCAD 三维空间中，一般采用三维相对直角坐标法确定一点的位置，即 AutoCAD 三维空间点坐标的输入方法为：在命令提示后通过键盘直接以 "@X、Y、Z" 形式输入，其中 "@X、Y、Z" 表示相对于上一个点分别在 X、Y、Z 方向的距离。

如图 8-4 所示的空间图形 A 点坐标可以通过如下方式实现：

命令：LINE（输入绘制直线 OA 命令）

指定第一点：0,0,0（输入直线起点 O 的坐标值）

指定下一点或［放弃(U)］：@22,7,20（输入直线终点 A 的坐标）

指定下一点或［放弃(U)］：（回车）

指定下一点或［闭合(C)/放弃(U)］：（回车）

（3）三维柱坐标

三维柱坐标通过 XY 平面中与 UCS 原点之间的距离、XY 平面中与 X 轴的角度以及 Z 值来描述精确的位置。

三维柱坐标输入相当于三维空间中的二维极坐标输入。它在垂直于 XY 平面的轴上指定另一个坐标。柱坐标通过定义某点在 XY 平面中距 UCS 原点的距离，在 XY 平面中与 X 轴所成的角度以及 Z 值来定位该点。使用以下语法指定使用*绝对*柱坐标的点：

X<[与 X 轴所成的角度],Z

例如，在图 8-5 中，坐标 5<30,6 表示距当前 UCS 的原点 5 个单位、在 XY 平面中与 X 轴成 30°角、沿 Z 轴 6 个单位的点。

图 8-4　三维相对直角坐标举例　　　　　　图 8-5　三维柱坐标示意

需要基于上一点而不是 UCS 原点来定义点时，可以输入带有@前缀的相对柱坐标值，即：三维相对柱坐标是在极坐标的基础上附加一个沿 Z 轴方向的距离，即"@X<Y，Z"，其中 X 为距离，Y 为转角，Z 为沿 Z 轴方向的距离。例如，坐标@26<53,20 表示在 XY 平面中距上一输入点 26 个单位、与 X 轴正向成 53°角、在 Z 轴正向延伸 20 个单位的点。"@26<53,20"表示的空间位置点 A 如图 8-6 所示。

命令：LINE（输入绘制直线 OA 命令）

指定第一点：0,0,0（输入直线起点 O 的坐标值）

指定下一点或［放弃(U)］：@26<53,20（输入直线终点 A 的坐标）

指定下一点或［放弃(U)］：（回车）

指定下一点或［闭合(C)/放弃(U)］：（回车）

（4）三维球坐标

三维球坐标通过指定某个位置距当前 UCS 原点的距离、在 XY 平面中与 X 轴所成的角度以及与 XY 平面所成的角度来指定该位置。三维中的球坐标输入与二维中的极坐标输入类似。通过指定某点距当前 UCS 原点的距离、与 X 轴所成的角度（在 XY 平面中）以及与 XY

平面所成的角度来定位点，每个角度前面加了一个左尖括号(<)，如以下格式所示：

X<[与 X 轴所成的角度]<[与 XY 平面所成的角度]

例如在图 8-7 中，坐标 8<60<30 表示在 XY 平面中距当前 UCS 的原点 8 个单位、在 XY 平面中与 X 轴成 60° 角以及在 Z 轴正向上与 XY 平面成 30° 角的点。坐标 5<45<15 表示距原点 5 个单位、在 XY 平面中与 X 轴成 45° 角、在 Z 轴正向上与 XY 平面成 15° 角的点。

图 8-6　三维柱坐标举例　　　　　　　　图 8-7　三维球坐标示意

三维球坐标采用 "@X<Y<Z" 表示相对坐标位置，也是 AutoCAD 二维绘图中所使用的极坐标的推广。球坐标与柱坐标的不同之处在于柱坐标采用一个角度和两个距离值（@X<Y，Z），而球坐标则采用一个距离值和两个角度，即 "@X<Y<Z"，其中 X 为与相对点的距离，Y 为与 X 轴的夹角、Z 为与 XOY 平面或其平行面的夹角。例如，@26<53<38 表示的空间位置点 A 如图 8-8 所示。

命令：LINE（输入绘制直线 OA 命令）

指定第一点：0,0,0（输入直线起点 O 的坐标值）

指定下一点或 [放弃(U)]：@26<53<38（输入直线终点 A 的坐标）

指定下一点或 [放弃(U)]：（回车）

指定下一点或 [闭合(C)/放弃(U)]：（回车）

图 8-8　三维球坐标

8.1.2　AutoCAD 的 UCS 使用方法

在绘图区域中显示一个图标，它表示矩形坐标系的 XY 轴，该坐标系称为 "用户坐标系" 或 UCS。UCS 图标在确定正轴方向和旋转方向时遵循传统的右手定则，如图 8-9 所示。您可以选择、移动和旋转 UCS 图标以更改当前的 UCS。UCS 在二维中很有用，在三维中也很重要。

建立与改变 UCS 位置和方向的 AutoCAD 命令是 UCS。启动 UCS 命令可以通过以下三种方式。

① 在 "命令:" 命令提示下输入 UCS 命令。

② 在 UCS 工具栏中选择 AutoCAD 中 UCS 按钮。

③ 打开【工具】菜单选择【新建 UCS】命令，然后在弹出的子菜单中进一步选择命令。
激活 UCS 命令后，AutoCAD 命令提示为：

命令：UCS（建立与改变 UCS）

当前 UCS 名称：*世界*

指定 UCS 的原点或 [面 (F) / 命名 (NA) / 对象 (OB) / 上一个 (P) / 视图 (V) / 世界 (W) / X/Y/Z/Z 轴 (ZA)] <世界>：

各子选项的含义如下。

① 指定 UCS 的原点——使用一点、两点或三点定义一个新的 UCS，如图 8-10 所示。

图 8-9　UCS 图标右手定则　　　　图 8-10　指定 UCS 的原点

② 命名(NA)——保存或恢复命名 UCS 定义。

③ Z 轴(ZA)——将 UCS 与指定的正 Z 轴对齐。指定一个新的坐标原点和当前 Z 轴正方向上的一个点确定新的 Z 轴正方向。

④ 对象(OB)——将 UCS 与选定的二维或三维对象对齐。UCS 可与任何对象类型对齐（除了参照线和三维多段线）。

⑤ 面(F)——将 UCS 附着于三维实体的一个面上（用鼠标单击实体的面即可），新的 UCS 的 X 轴正方向与所选第一个面的封闭边相吻合。

⑥ 上一个(P)——恢复上一个 UCS。

⑦ 视图(V)——将 UCS 的 XY 平面与垂直于观察方向的平面对齐。原点保持不变，但 X 轴和 Y 轴分别变为水平和垂直。

⑧ X/Y/Z——分别旋转 X、Y、Z 轴建立新的 UCS，如图 8-11 所示。

图 8-11　分别旋转 X、Y、Z 轴建立新的 UCS

⑨ 世界（W）——将 UCS 与世界坐标系 (WCS) 对齐。

指定面创建新的 UCS 使用示例如图 8-12 所示，其他建立方法类似。

命令：UCS

当前 UCS 名称：*世界*

指定 UCS 的原点或 [面 (F)/命名 (NA)/对象 (OB)/上一个 (P)/视图 (V)/世界 (W)/X/Y/Z/Z 轴 (ZA)] <世界>：F

选择实体面、曲面或网格：

输入选项 [下一个 (N)/X 轴反向 (X)/Y 轴反向 (Y)] <接受>：(回车)

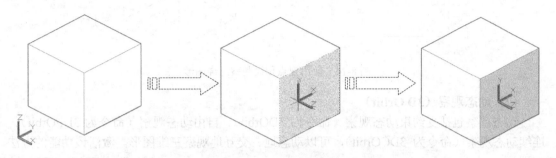

图 8-12　指定面创建新的 UCS

8.2 AutoCAD 三维图形观察方法

AutoCAD 提供了多种观察图形的方法。AutoCAD 平面图形观察方法包括缩放（ZOOM）、平移（PAN）和鸟瞰（Aerial）等。在三维模型空间中，可以从任何视点、动态地观察图形模型，从而得到各种方向的视图。与平面图形观察方法类似，除了可以使用缩放、平移和鸟瞰等功能命令外，还可以通过其他一些专用功能对三维图形进行观察，如 VPOINT、DVIEW 等功能命令。可根据绘图时不同的需要使用合适的观察方式。

（1）视点预设（VP）

视点预置是指通过输入角度的方式设置视点来观察三维图形的方法。其功能命令为 DDVPOINT（缩略为 VP）。使用该功能的方法如下。

a．打开【视图】下拉菜单【三维视图】命令，然后在弹出的子菜单中选择 【视点预设】命令。

b．在"命令："命令提示行下直接输入 VP 并回车确认。

执行上述操作后，在屏幕上弹出"视点预置"对话框直观地选择视点，如图 8-13 所示。其中的选项含义如下。

图 8-13　视点预置

① 绝对于 WCS——确定是否使用绝对世界坐标系。

② 相对于 UCS——确定是否使用用户坐标系。

③ 自：X 轴——确定新的视点方向在 XOY 平面内的投影与 X 轴正方向的夹角。

④ 自：XY 平面——确定新的视点方向与 XOY 平面的夹角。

⑤ 设置为平面视图——设为 UCS 平面视图，即设置为与坐标系的 Z 轴正方向相同的视点。

例如，使用视点预设功能，设置视点的参数为：与 XOY 平面的夹角 135°，与 X 轴正方向的夹角 60°。得到的视图如图 8-14 所示。

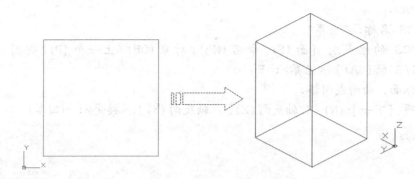

图 8-14 使用视点预设观察三维图形

（2）动态观察（3D Orbit）

动态观察包括受约束动态观察（命令为 3DOrbit）、自由动态观察（命令为 3DFOrbit）、连续动态观察（命令为 3DCOrbit），可以动态地、交互地观察三维图形。激活该功能的方法如下。

① 打开【视图】下拉菜单中【动态观察器】选项选择合适的命令。

② 单击【动态观察】工具栏中单击相应的功能命令图标。

③ 在"命令："命令提示行下直接输入 3DOrbit、3DFOrbit、3DCOrbit 并回车确认。

以 3DCOrbit 为例（3DOrbit 与此类似），其操作方法如下，如图 8-15 所示。

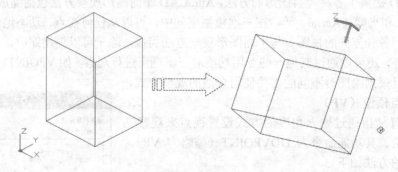

图 8-15 三维动态观察器

命令：3DCOrbit（进行三维图形观察）

按 Esc 或 Enter 键退出，或者单击鼠标右键显示快捷菜单。

执行上述命令后按下鼠标左键不放并拖动鼠标，就可以旋转物体对象，从不同角度观察三维空间图形。要结束观察，只需按 Esc 或 Enter 按钮结束操作，也可以单击右键显示快捷菜单选择退出命令选项即可。

（3）平面视图

在进行三维图形绘制时，常常要从某个正方向观察图形，也即设置为当前 UCS/WCS 的平面视图，如图 8-16 所示。

获得平面视图有如下两种方法，如图 8-17 所示。

① PLAN 命令 在"命令："命令提示下直接输入 PLAN 命令，即可得到当前 UCS 的平面视图。

图 8-16　当前 UCS/WCS 平面视图

图 8-17　使用 VP 设置平面视图

命令：PLAN（设置当前 UCS 坐标系下的平面视图）

输入选项 [当前 UCS(C)/UCS(U)/世界(W)] <当前 UCS>：（选择命令选项）

正在重生成模型。

其中选项的含义分别如下。

a. 当前 UCS(C)——在当前视口中重新生成相对于当前 UCS 的平面视图，为默认值。

b. UCS(U)——重新生成图形，使它变成以前存储的 UCS 平面图形。执行该项后，命令行提示：

键入 UCS 名称或键入？：查询已有的 UCS 情况。

c. 世界(W)——重新生成相对于 WCS 坐标系的平面视图。

② DDVPOINT（VP）命令　打开【视图】下拉菜单选择【三维视图】命令，在子菜单中选择【视点预设】后（或者在"命令:"命令行直接键入命令 DDVPOINT 或 VP），在弹出的对话框上，单击其中的设置为平面视图按钮，并根据对话框上部的单选框选择情况（绝对于 WCS/相对于 UCS），可分别得到相对于 UCS（用户坐标系）或 WCS（世界坐标系）的平面视图。

8.3　三维基本图形 CAD 快速绘制

8.3.1　空间点与三维线 CAD 快速绘制

空间点与三维线的绘制，是 AutoCAD 最为基本的功能。其中三维线包括三维直线与三维多段线、三维射线与三维构造线、三维弧线与三维椭圆弧线、三维多行线与三维样条曲线等各种线型的绘制。

8.3.1.1 空间点

空间点的绘制与平面点的绘制几乎是一样的，其 AutoCAD 功能命令同样是 POINT（缩略为 PO）。区别在于输入点的位置时，输入点的坐标为（X,Y,Z），而平面点的绘制输入点的坐标为（X,Y）。

启动 POINT 命令可以通过以下三种方式。

① 打开【绘图】下拉菜单选择命令【点】选项。

② 单击【绘图】工具栏上的【点】命令图标。

③ 在"命令:"命令行提示下直接输入 POINT 或 PO 命令。

在进行绘制前，先设置点的形式和大小。打开【格式】下拉菜单，选择命令【点样式】选项就可以选择点的图案形式和图标的大小，如图 8-18 所示。点的形状和大小也可以由系统变量 PDMODE 和 PDSIZE 控制，其中变量 PDMODE 用于设置点的显示图案形式，变量 PDSIZE 则用来控制图标的大小。

空间点的绘制可以按下面步骤进行，如图 8-19 所示。

图 8-18　设置空间点样式　　　　图 8-19　绘制空间点

① 打开【绘图】下拉菜单，选择【点样式】命令选项设置点的形式和大小。

② 进行点绘制。

命令:　POINT（输入画点命令）

当前点模式:　PDMODE=66　PDSIZE=5.0000（系统变量的设置数值）

指定点:　15，20，18（直接输入点的坐标 X、Y、Z）

8.3.1.2 三维直线与三维多段线

（1）三维直线

三维直线的绘制与平面直线的绘制几乎也是一样的，其 AutoCAD 功能命令同样是 LINE（缩略为 L）。区别在于输入直线端点的位置时，输入点的坐标为（X,Y,Z），而不是（X,Y）。点的坐标数值可以使用"ID"命令进行查询。

启动 LINE 命令可以通过以下三种方式。

① 打开【绘图】下拉菜单选择【直线】命令选项。

② 单击【绘图】工具栏上的【直线】命令图标。

③ 在"命令:"命令行提示下直接输入 LINE 或 L 命令。

三维直线的绘制可以按下面步骤进行，执行 LINE 命令后，AutoCAD 提示与平面时是一致的。如图 8-20 所示。

命令：LINE（输入绘制三维直线 AB 命令）

指定第一点：6,8,7（指定三维直线起点 A）

指定下一点或 [放弃(U)]：15,20,18（指定三维直线终点 B）

指定下一点或 [放弃(U)]：（回车结束绘制）

为便于更为直观地观察绘制效果，最好使用 VP 命令改变视点进行观察，如设置观察点为（315，45）。图中的辅助线是为了便于学习而由作者添加的。后面有关操作与此相似，不再重述。

（2）三维多段线

绘制三维多段线的功能命令为 3DPOLY，而不是绘制平面多段线的命令 PLINE。此外，3DPOLY 不能设置线的宽度，而且也不能绘制圆弧。利用 3DPOLY 命令，通过输入多个三维坐标点（X,Y,Z）即可绘制三维多段线。

启动 3DPOLY 命令可以通过以下两种方式。

① 打开【绘图】下拉菜单选择【3D Polyline】命令选项。

② 在"命令:"命令行提示下直接输入 3DPOLY 命令。

三维多段线的绘制可以按下面步骤进行，执行 3DPOLY 命令后，即可按 AutoCAD 提示进行绘制。如图 8-21 所示。

图 8-20　绘制三维直线　　　　　图 8-21　绘制三维多段线

命令：3DPOLY（输入绘制三维多段线命令）

指定多段线的起点：7,9,5（三维多段线起点 a 的位置）

指定直线的端点或 [放弃(U)]：15,12,10（三维多段线所通过点 b 的位置）

指定直线的端点或 [放弃(U)]：15,20,18（三维多段线所通过下一点 c 的位置）

指定直线的端点或 [闭合(C)/放弃(U)]：23,20,15（三维多段线所通过下一点 d 的位置）

......

指定直线的端点或 [闭合(C)/放弃(U)]：（下一点）

指定直线的端点或 [闭合(C)/放弃(U)]：（回车结束绘制）

8.3.2　三维基本实体图形 CAD 快速绘制

AutoCAD 三维基本实体图形，包括长方体（含正方体）、圆锥体（含椭圆锥体）、楔形体与圆柱体（含椭圆柱体）、球体和圆环体等三维实体。AutoCAD 提供了直接绘制这些三维基本实体图形的功能命令。

8.3.2.1 长方体和正方体

长方体和正方体是最为规则的三维图形之一。

（1）长方体

长方体是指长度、宽度和高度三个方向的尺寸不相同的立体图形。其命令 AutoCAD 功能命令是 BOX。启动 BOX 命令可以通过以下三种方式。

① 打开【绘图】下拉菜单选择【建模】，再选择【长方体】选项。

② 单击【建模】工具栏上的【长方体】按钮。

③ 在"命令:"命令行提示下直接输入 BOX 并回车。

AutoCAD 默认长方体的长、宽、高分别平行于当前坐标系的 X、Y、Z 轴。在 AutoCAD 提示下输入长方体的长度、宽度与高度时，输入的数值可以是正值或负值。正值表示沿相应坐标轴的正方向生成长方体，反之则是沿相应坐标轴的负方向生成长方体。

此外，要观察所绘制的三维基本图形，可以结合 VP（视点观察）和 HIDE（消隐）命令。以下相关章节操作同此。以在命令行启动 BOX 为例，创建长方体的过程如下所述，如图 8-22 所示。

命令：BOX（输入绘制长方体命令 BOX）

指定第一个角点或 [中心(C)]：（确定长方体的另一个角点位置或输入长方体底面中心点的坐标）

指定其他角点或 [立方体(C)/长度(L)]：（指定长方体其他角点）

指定高度或 [两点(2P)] <195.7622>：（指定长方体高度）

（2）正方体

正方体是指长度、宽度和高度三个方向的尺寸都相同的立体图形。其命令 AutoCAD 功能命令也是 BOX，绘制方法与长方体基本一样。启动 BOX 命令可以通过以下三种方式。

① 打开【绘图】下拉菜单选择【建模】，再选择【长方体】选项。

② 单击【建模】工具栏上的【长方体】按钮。

③ 在"命令:"命令行提示下直接输入 BOX 并回车。

以在命令行启动 BOX 为例，创建正方体的过程如下所述，如图 8-23 所示。

图 8-22　创建长方体

图 8-23　创建正方体

命令：BOX（执行绘制正方体命令 BOX）

指定第一个角点或 [中心(C)]：（确定正方体的另一个角点位置或输入正方体底面中心点的坐标）

指定其他角点或 [立方体(C)/长度(L)]：　C（输入 C 绘制正方体）

指定长度：1500（输入边长）

8.3.2.2　楔形体

楔形体是一种如楔状的立体图形，分为等边的楔形体和不等边的楔形体。其 AutoCAD 功能命令是 WEDGE。启动 WEDGE 命令可以通过以下三种方式。

① 打开【绘图】下拉菜单选择【建模】，再选择【楔体】选项。

② 单击【建模】工具栏上的【楔体】按钮。

③ 在命令行"命令:"提示符下输入 WEDGE 并回车。

在输入楔形体的长度、宽度、高度值时，其数值可以是正值或是负值。如果输入正值，AutoCAD 将沿着相应坐标轴的正方向生成楔形体，反之则沿坐标轴的负方向生成楔形体。

以在命令行启动 WEDGE 为例，创建楔形体的过程如下所述，如图 8-24 所示。

命令：WEDGE（输入绘制楔形体命令 WEDGE）

指定第一个角点或 [中心(C)]：　（确定楔形体第一个顶点的位置或按中心点方式生成楔形体）

指定其他角点或 [立方体(C)/长度(L)]：　（确定楔形体另一个顶点的位置，或者选择 C、L 生成等边楔形体与按指定的长度、宽度、高度生成楔形体）

不允许零长度的楔形体。

指定其他角点或 [立方体(C)/长度(L)]：

指定高度或 [两点(2P)] <708.4537>：（输入楔形体的高度）

8.3.2.3　圆柱体和椭圆柱体

（1）圆柱体

圆柱体是一种如筒状的立体图形。其 AutoCAD 功能命令是 CYLINDER。启动 CYLINDER 命令可以通过以下三种方式。

① 打开【绘图】下拉菜单选择【建模】，再选择【圆柱体】选项。

② 单击【建模】工具栏上的【圆柱体】按钮。

③ 在命令行"命令:"提示符下输入 CYLINDER 并回车。

以在命令行启动 CYLINDER 为例，创建圆柱体的过程如下所述，如图 8-25 所示。

图 8-24　创建楔形体　　　　　图 8-25　创建圆柱体

命令：CYLINDER（输入绘制圆柱体的命令 CYLINDER）

指定底面的中心点或 [三点(3P)/两点(2P)/相切、相切、半径(T)/椭圆(E)]：（确定圆柱体底面的中心点位置或输入 E 绘制椭圆柱体）

指定底面半径或 [直径(D)]：（输入圆柱体底面半径大小或输入 D 来指定底面的直径）

指定高度或 [两点(2P)/轴端点(A)]：（输入圆柱体的高度或指定椭圆柱体另一端面

上的椭圆中心点位置）

（2）椭圆柱体

椭圆柱体与是圆柱体类似的形体，为椭圆筒状的立体图形，其 AutoCAD 功能命令也是 CYLINDER。启动 CYLINDER 命令可以通过以下三种方式。

① 打开【绘图】下拉菜单选择【建模】，再选择【圆柱体】选项。

② 单击【建模】工具栏上的【圆柱体】按钮。

③ 在命令行"命令:"提示符下输入 CYLINDER 并回车。

以在命令行启动 CYLINDER 为例，创建椭圆柱体的过程如下所述，如图 8-26 所示。

命令：CYLINDER（输入绘制椭圆柱体的命令）

指定底面的中心点或 [三点(3P)/两点(2P)/相切、相切、半径(T)/椭圆(E)]: E(输入 E 绘制椭圆柱体）

指定第一个轴的端点或 [中心(C)]：（指定椭圆柱体底面椭圆轴线端点或椭圆中心点位置）

指定第一个轴的其他端点：（指定椭圆柱体底面椭圆轴线另一个端点）

指定第二个轴的端点：

指定高度或 [两点(2P)/轴端点(A)] <319.3629>:3500（指定椭圆柱体的高度）

8.3.2.4 圆锥体和椭圆锥体

（1）圆锥体

圆锥体是一种锥状的立体图形，圆锥体既可以正立的，也可以是倾斜的，其 AutoCAD 功能命令是 CONE。启动 CONE 命令可以通过以下三种方式。

① 打开【绘图】下拉菜单选择【建模】，再选择【圆锥体】选项。

② 单击【建模】工具栏上的【圆锥体】按钮。

③ 在命令行"命令:"提示符下输入 CONE 并回车。

圆锥体高度是沿着当前 UCS 的 Z 轴方向的。

以在命令行启动 CONE 为例，创建圆锥体的过程如下所述，如图 8-27 所示。

图 8-26　创建椭圆柱体　　　　　图 8-27　创建圆锥体

命令：CONE（输入创建圆锥体的命令 CONE）

指定底面的中心点或 [三点(3P)/两点(2P)/相切、相切、半径(T)/椭圆(E)]:

指定底面半径或 [直径(D)] <968.9581>:（输入圆锥体底面的半径或输入 D 来指定底面的直径）

指定高度或 [两点(2P)/轴端点(A)/顶面半径(T)] <1248.2677>:（输入圆锥体高度或输入 Apex/A 来绘制倾斜的圆锥体）

（2）椭圆锥体

椭圆锥体与是圆锥体类似的形体，为一种锥状的立体图形，其 AutoCAD 功能命令也是 CONE。启动 CONE 命令可以通过以下三种方式。

① 打开【绘图】下拉菜单选择【建模】，再选择【圆锥体】选项。

② 单击【建模】工具栏上的【圆锥体】按钮。

③ 在命令行"命令:"提示符下输入 CONE 并回车。

以在命令行启动 CONE 为例，创建椭圆锥体的过程如下所述，如图 8-28 所示。

命令:CONE（输入创建椭圆锥体的命令）

指定底面的中心点或 [三点(3P)/两点(2P)/相切、相切、半径(T)/椭圆(E)]:E（输入 E 创建椭圆锥体）

指定第一个轴的端点或 [中心(C)]:（指定椭圆锥体底面的轴线端点）

指定第一个轴的其他端点:

指定第二个轴的端点:（指定椭圆锥体底面的轴线第二个端点）

指定高度或 [两点(2P)/轴端点(A)/顶面半径(T)] <1398.4371>:（指定椭圆锥体高度）

8.3.2.5　球体和圆环体

（1）球体

球体也是最为规则的三维空间图形之一，其 AutoCAD 功能命令是 SPHERE。启动 SPHERE 命令可以通过以下三种方式。

① 打开【绘图】下拉菜单选择【建模】，再选择【球体】选项。

② 单击【建模】工具栏上的【球体】按钮。

③ 在命令行"命令:"提示符下输入 SPHERE 并回车。

以在命令行启动 SPHERE 为例，创建球体的过程如下所述，如图 8-29 所示。

图 8-28　创建椭圆锥体　　　　　　图 8-29　创建球体

命令：SPHERE（输入绘制球体的命令 SPHERE）

指定中心点或 [三点(3P)/两点(2P)/相切、相切、半径(T)]:（指定球体中心点的位置）

指定半径或 [直径(D)]:（输入球体半径或输入 D 来指定球体的直径）

（2）圆环体

圆环体是一个环状的立体图形，其 AutoCAD 功能命令是 TORUS。启动 TORUS 命令可以通过以下三种方式。

① 打开【绘图】下拉菜单选择【建模】，再选择【圆环体】选项。

② 单击【建模】工具栏上的【圆环体】按钮。

③ 在命令行"命令:"提示符下输入 TORUS 并回车。

以在命令行启动 TORUS 为例,创建圆环体的过程如下所述,如图 8-30 所示。

命令: TORUS(输入绘制圆环体的命令 TORUS)

指定中心点或 [三点(3P)/两点(2P)/相切、相切、半径(T)]:(指定圆环体中心点的位置)

指定半径或 [直径(D)] <625.6014>:(输入圆环体的半径或输入 D 来指定圆环体的直径)

指定圆管半径或 [两点(2P)/直径(D)] <668.3051>:(输入管体的半径或输入 D 来指定管体的直径)

在绘制圆环体时,若圆环体的半径小于或等于管体的半径,则圆环体为封闭体,如图 8-31 所示。

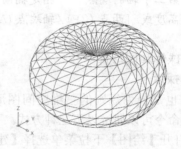

图 8-30　创建圆环体　　　　　　　图 8-31　封闭的圆环体

8.3.2.6　多段体和棱锥体

(1) 多段体

多段体是由多个连续长方体构成的立体图形,其 AutoCAD 功能命令是 POLYSOLID。启动 POLYSOLID 命令可以通过以下三种方式。

① 打开【绘图】下拉菜单选择【建模】,再选择【多段体】选项。

② 单击【建模】工具栏上的【多段体】按钮。

③ 在命令行"命令:"提示符下输入 POLYSOLID 并回车。

以在命令行启动 POLYSOLID 为例,创建多段体的过程如下所述,如图 8-32 所示。

命令: POLYSOLID(绘制多段体)

高度 = 80.0000, 宽度 = 5.0000, 对正 = 居中

指定起点或 [对象(O)/高度(H)/宽度(W)/对正(J)] <对象>: W(输入 W 设置多段体的宽度)

指定宽度 <5.0000>: 18

高度 = 80.0000, 宽度 = 18.0000, 对正 = 居中

指定起点或 [对象(O)/高度(H)/宽度(W)/对正(J)] <对象>: H(输入 H 设置多段体的高度)

指定高度 <80.0000>: 1500

高度 = 1500.0000, 宽度 = 18.0000, 对正 = 居中

指定起点或 [对象(O)/高度(H)/宽度(W)/对正(J)] <对象>:

指定下一个点或 [圆弧(A)/放弃(U)]:

指定下一个点或 [圆弧(A)/放弃(U)]:

指定下一个点或 [圆弧(A)/闭合(C)/放弃(U)]:

......

指定下一个点或 [圆弧(A)/闭合(C)/放弃(U)]:（回车）

（2）棱锥体

棱锥体是一个棱形的锥体图形,其 AutoCAD 功能命令是 PYRAMID。启动命令 PYRAMID 可以通过以下三种方式。

① 打开【绘图】下拉菜单选择【建模】,再选择【棱锥体】选项。

② 单击【建模】工具栏上的【棱锥体】按钮。

③ 在命令行"命令:"提示符下输入 PYRAMID 并回车。

以在命令行启动 PYRAMID 为例,创建棱锥体的过程如下所述,如图 8-33 所示。

图 8-32 创建多段体   图 8-33 创建棱锥体

命令: PYRAMID（绘制棱锥体）

4 个侧面 外切

指定底面的中心点或 [边(E)/侧面(S)]:

指定底面半径或 [内接(I)] <1667.8744>:

指定高度或 [两点(2P)/轴端点(A)/顶面半径(T)] <5227.9605>:（指定棱锥体立体高度）

8.3.3 三维复合实体图形 CAD 快速绘制

三维复合实体图形是指不能使用 AutoCAD 功能命令直接创建,但可以通过 2 个或 2 个以上的命令建立的不规则三维实体图形。下面结合如图 8-34(b)所示的具体例子,说明如何绘制三维复合实体图形。

(a)   (b)

图 8-34 三维复合实体图形示例

① 使用 PLINE 命令绘制 1 个"7"字造型平面图形，如图 8-35 所示。

命令：PLINE（绘制多段线）

指定起点：（确定起点位置）

当前线宽为 0.0000

指定下一点或 [圆弧(A)/半宽(H)/长度(L)/放弃(U)/宽度(W)]：（依次输入多段线坐标点或直接在屏幕上使用鼠标点取）

指定下一点或 [圆弧(A)/闭合(C)/半宽(H)/长度(L)/放弃(U)/宽度(W)]：（下一点位置）

指定下一点或 [圆弧(A)/闭合(C)/半宽(H)/长度(L)/放弃(U)/宽度(W)]：……

指定下一点或 [圆弧(A)/闭合(C)/半宽(H)/长度(L)/放弃(U)/宽度(W)]：

指定下一点或 [圆弧(A)/闭合(C)/半宽(H)/长度(L)/放弃(U)/宽度(W)]：C（闭合图形结束操作）

② 将图形拉伸为三维实体图形，如图 8-36 所示。

命令：EXTRUDE（输入放样拉伸命令）

当前线框密度：ISOLINES=4

选择要拉伸的对象：找到 1 个（选择二维目标对象）

选择要拉伸的对象：（可选择多个二维目标对象或回车结束选择）

指定拉伸的高度或[方向(D)/路径(P)/倾斜角(T)]<248.5842>：（输入拉伸的高度）

使用 VP 命令，在弹出的对话框设置观察视点进行观察。

图 8-35　绘制 7 字造型　　　　　　　　　图 8-36　拉伸为三维实体图形

③ 在 7 字造型底部绘制一个圆柱体，圆心位于 7 字造型底部中部位置，如图 8-37 所示。

命令：CYLINDER（输入绘制圆柱体的命令）

指定底面的中心点或 [三点(3P)/两点(2P)/相切、相切、半径(T)/椭圆(E)]：（确定圆柱体底面的中心点位置）

指定底面半径或 [直径(D)]：（输入圆柱体底面半径大小或输入 D 来指定底面的直径）

指定高度或 [两点(2P)/轴端点(A)]<2020.4887>：（输入圆柱体的高度或指定椭圆柱体另一端面上的椭圆中心点位置）

④ 进行布尔求差运算，如图 8-38 所示。

命令：SUBTRACT（输入求差运算命令）

选择要从中减去的实体或面域...

选择对象：找到 1 个

选择对象：（回车）

选择要减去的实体或面域 ..

选择对象：找到 1 个

选择对象：（回车）

⑤ 通过切割，可以生成如图 8-39 所示的复合三维实体图形，消隐后即可得到前述图形。

图 8-37　绘制一个圆柱体　　　　　　图 8-38　布尔求差运算　　　　　　图 8-39　切割实体

命令：SLICE（输入切割命令）

选择要剖切的对象：找到 1 个

选择要剖切的对象：

指定 切面 的起点或 ［平面对象(O)／曲面(S)／Z 轴(Z)／视图(V)／XY(XY)／YZ(YZ)／ZX(ZX)／三点(3)］<三点>：3

指定平面上的第一个点：

指定平面上的第二个点：

指定平面上的第三个点：

在所需的侧面上指定点或 ［保留两个侧面(B)］<保留两个侧面>：

8.3.4　三维曲面图形的绘制

AutoCAD 三维曲面图形包括平面曲面、网络曲面等。进行三维曲面图形绘制时，需先绘制相关的操作三维空间曲面、三维空间曲线图形对象，然后才使用曲面功能命令创建相应的三维曲面图形。

8.3.4.1　平面曲面

平面曲面表面与前面所述的基本曲面体有所不同，其形体仅为一个空间四边平面体，其 AutoCAD 功能命令是 PLANESURF。启动 PLANESURF 命令可以通过以下三种方式。

① 打开【绘图】下拉菜单中的【建模】子菜单，选择其中的【曲面】选项，再选中【平面】功能命令项。

② 单击【建模】工具栏上的【平面曲面】按钮。

③ 在命令行"命令:"提示符下输入"PLANESURF"并回车。

以在命令行启动 PLANESURF 为例，创建平面曲面表面的过程如下所述，如图 8-40 所示。

命令：PLANESURF

指定第一个角点或 ［对象(O)］<对象>：

指定其他角点：

图 8-40　创建平面曲面表面

8.3.4.2　网络曲面

在不同空间方向（U 和 V 方向，包括曲面和实体边子对象）的几条曲线之间的空间中创建曲面，可以在曲线网络之间或在其他三维曲面或实体的边之间创建网络曲面，其 AutoCAD 功能命令是 SURFNETWORK。启动 SURFNETWORK 命令可以通过以下两种方式。

① 打开【绘图】下拉菜单中的【建模】子菜单，选择其中的【曲面】选项，再选中【网络】功能命令项。

② 在命令行"命令:"提示符下输入"SURFNETWORK"并回车。

以在命令行启动 SURFNETWORK 为例，创建直纹网络曲面的过程如下所述，如图 8-41 所示。指定的 4 条曲线或曲面边图形对象必须先绘出，然后再执行 SURFNETWORK 功能命令进行直纹网络曲面绘制。

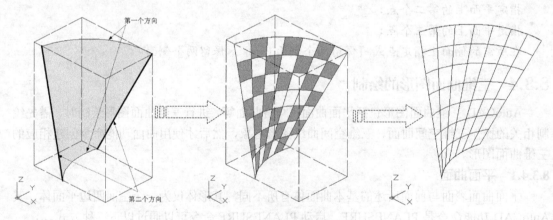

图 8-41　创建网络曲面

① 先绘制 4 条相对应的空间直线或曲线，在此从略。

② 然后使用 SURFNETWORK 创建三维网络曲面。

命令：SURFNETWORK
沿第一个方向选择曲线或曲面边:找到 1 个
沿第一个方向选择曲线或曲面边:找到 1 个,总计 2 个
沿第一个方向选择曲线或曲面边：（回车）
沿第二个方向选择曲线或曲面边:找到 1 个
沿第二个方向选择曲线或曲面边:找到 1 个,总计 2 个
沿第二个方向选择曲线或曲面边：（回车）

8.3.4.3　过渡曲面

在两个现有曲面之间创建连续的过渡曲面。AutoCAD 是沿着远离拾取点的端点方向形成三维平移曲面的，其 AutoCAD 功能命令是 SURFBLEND。启动 SURFBLEND 命令可以通过以下两种方式，如图 8-42 所示。

图 8-42　创建过渡曲面

① 打开【绘图】下拉菜单中的【建模】子菜单，选择其中的【曲面】选项，再选中【过渡】功能命令项。

② 在命令行"命令:"提示符下输入 SURFBLEND 并回车。

命令：SURFBLEND

连续性 = G1 - 相切，凸度幅值 = 0.5

选择要过渡的第一个曲面的边或 [链(CH)]：找到 1 个

选择要过渡的第一个曲面的边或 [链(CH)]：找到 1 个，总计 2 个

选择要过渡的第一个曲面的边或 [链(CH)]：找到 1 个，总计 3 个

选择要过渡的第一个曲面的边或 [链(CH)]：找到 1 个，总计 4 个

选择要过渡的第一个曲面的边或 [链(CH)]：（回车）

选择要过渡的第二个曲面的边或 [链(CH)]：指定对角点：找到 4 个

选择要过渡的第二个曲面的边或 [链(CH)]：（回车）

按 Enter 键接受过渡曲面或 [连续性(CON)/凸度幅值(B)]：（回车）

8.3.4.4　修补曲面

通过在形成闭环的曲面边上拟合一个封口来创建新曲面，其 AutoCAD 功能命令是 SURFPATCH。启动 SURFPATCH 命令可以通过以下两种方式，如图 8-43 所示。

图 8-43　创建修补曲面

① 打开【绘图】下拉菜单中的【建模】子菜单，选择其中的【曲面】选项，再选中【修补】功能命令项。

② 在命令行"命令:"提示符下输入 SURFPATCH 并回车。

命令：SURFPATCH

连续性 = G0 - 位置，凸度幅值 = 0.5

选择要修补的曲面边或 [链(CH)/曲线(CU)] <曲线>：找到 1 个

选择要修补的曲面边或 [链(CH)/曲线(CU)] <曲线>：（回车）

按 Enter 键接受修补曲面或 [连续性(CON)/凸度幅值(B)/导向(G)]：（回车）

8.3.4.5 偏移曲面

创建与原始曲面相距指定距离的平行曲面，其 AutoCAD 功能命令是 SURFOFFSET。启动 SURFOFFSET 命令可以通过以下两种方式，如图 8-44 所示。

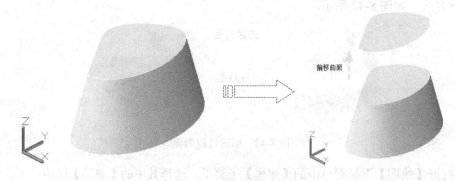

图 8-44　创建偏移曲面

① 打开【绘图】下拉菜单中的【建模】子菜单，选择其中的【曲面】选项，再选中【偏移】功能命令项。

② 在命令行"命令:"提示符下输入 SURFOFFSET 并回车。

命令：SURFOFFSET

连接相邻边 = 否

选择要偏移的曲面或面域：找到 1 个

选择要偏移的曲面或面域：（回车）

指定偏移距离或 ［翻转方向 (F) / 两侧 (B) / 实体 (S) / 连接 (C) / 表达式 (E)］<0.0000>：50

1 个对象将偏移。

1 个偏移操作成功完成。

8.3.4.6 圆角曲面

在两个其他曲面之间创建圆角曲面，其 AutoCAD 功能命令是 SURFFILLET。圆角曲面具有固定半径轮廓且与原始曲面相切，会自动修剪原始曲面，以连接圆角曲面的边。启动 SURFFILLET 命令可以通过以下两种方式，如图 8-45 所示。

图 8-45　创建圆角曲面

① 打开【绘图】下拉菜单中的【建模】子菜单，选择其中的【曲面】选项，再选中【圆角】功能命令项。

② 在命令行"命令:"提示符下输入 SURFFILLET 并回车。

命令：SURFFILLET

半径 =0.0000，修剪曲面 = 是

选择要圆角化的第一个曲面或面域或者 [半径(R)/修剪曲面(T)]：R

指定半径或 [表达式(E)] <0.0000>：12

选择要圆角化的第一个曲面或面域或者 [半径(R)/修剪曲面(T)]：

选择要圆角化的第二个曲面或面域或者 [半径(R)/修剪曲面(T)]：

按 Enter 键接受圆角曲面或 [半径(R)/修剪曲面(T)]：（回车）

8.3.5 三维网格图形 CAD 快速绘制

网格镶嵌以更详细的方式提供了用于建模对象形状的增强功能。可以使用以下方法创建网格对象：

① 创建网格图元(MESH)。使用 MESH 功能命令可以创建标准形状三维网格，例如长方体、圆锥体、圆柱体、棱锥体、球体、楔形体和圆环体等网格图形，如图 8-46 所示。

长方体   圆锥体   圆柱体   棱锥体   楔体   球体   圆环体

图 8-46　三维网格图元

命令：MESH（创建网格图元）

当前平滑度设置为：0

输入选项 [长方体(B)/圆锥体(C)/圆柱体(CY)/棱锥体(P)/球体(S)/楔体(W)/圆环体(T)/设置(SE)]<长方体>:B（选择输入需要的形状选项命令，例如长方体网格选择输入 B）

指定第一个角点或 [中心(C)]：

指定其他角点或 [立方体(C)/长度(L)]：

指定高度或 [两点(2P)]：

② 从其他对象创建网格，包括创建直纹网格对象（RULESURF 命令）、平移网格对象（TABSURF 命令）、旋转网格对象（REVSURF 命令）或边界定义的网格对象（EDGESURF 命令），这些对象的边界通过其他对象或点插入（需先行绘制）。

a. RULESURF 命令创建用于表示两条直线或曲线之间的曲面的网格，即选择两条用于定义网格的边。边可以是直线、圆弧、样条曲线、圆或多段线。如果有一条边是闭合的，那么另一条边必须也是闭合的。也可以将点用作开放曲线或闭合曲线的一条边，如图 8-47 所示。

（a）直纹网格　　　　　　　　　　　　　　　　　（b）平移网格

图 8-47　直纹、平移网格

命令：RULESURF（绘制三维直纹网格曲面的命令）

当前线框密度：SURFTAB1=16（当前系统变量数值，可以使用 SURFTAB1 功能命令变更其数值大小）

选择第一条定义曲线：（选择第一条曲线）

选择第二条定义曲线：（选择第二条曲线）

b. TABSURF 命令从沿直线路径扫掠的直线或曲线创建网格。选择直线、圆弧、圆、椭圆或多段线，用于以直线路径进行扫掠。然后选择直线或多段线，以确定矢量的第一个点和最后一个点，该矢量指示多边形网格的方向和长度。

命令：TABSURF（绘制三维平移网格曲面的命令）

当前线框密度：SURFTAB1=16

选择用作轮廓曲线的对象：

选择用作方向矢量的对象：

c. REVSURF 命令通过绕轴旋转轮廓来创建网格，即选择直线、圆弧、圆或二维/三维多段线，沿围绕选定轴的环形路径进行扫掠，如图 8-48 所示。

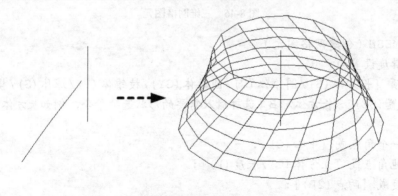

图 8-48　旋转网格

命令：REVSURF

当前线框密度：SURFTAB1=16　SURFTAB2=6（当前系统变量值，可使用 SURFTAB1、SURFTAB2 进行重新设置）

选择要旋转的对象：（选择轨迹曲线对象）

选择定义旋转轴的对象：（选择旋转轴）

指定起点角度 <0>:0（输入起始角度，起始角度是指旋转角的起始位置与轨迹线之间的夹角）

指定包含角（+=逆时针，-=顺时针）<360>:360（输入旋转角度大小，"+"、"-"分别表示沿着逆时针和顺时针方向旋转，默认值为360°）

d．EDGESURF 命令在四条相邻的边或曲线之间创建网格，即选择四条用于定义网格的边。边可以是直线、圆弧、样条曲线或开放的多段线。这些边必须在端点处相交以形成一个闭合路径。如图8-49所示。

图8-49　边界定义的网格

命令：EDGESURF
当前线框密度：SURFTAB1=16　SURFTAB2=6
选择用作曲面边界的对象 1：（选择第1条边界边）
选择用作曲面边界的对象 2：（选择第2条边界边）
选择用作曲面边界的对象 3：（选择第3条边界边）
选择用作曲面边界的对象 4：（选择第4条边界边）

8.3.6　二维 CAD 图形快速转换成三维 CAD 图形

在 AutoCAD 环境下，通过拉伸（EXTRUDE）、旋转（REVOLVE）等功能命令，将某些二维平面图形生成三维空间实体图形。

8.3.6.1　拉伸转换

拉伸转换功能是指将一些封闭的二维图形，如圆（CIRCLE）、椭圆（ELLISPE）、封闭的二维多义线（PLINE）和封闭的二维样条曲线（SPLINE）等图形对象，通过指定的高度或路径进行拉伸，从而生成三维实体图形的方法。拉伸路径可以是封闭的，也可以是不闭合的，如直线（LINE）、二维多义线（PLINE）、弧线（ARC）、椭圆弧（ELLISPE）、圆（CIRCLE）、椭圆（ELLISPE）等图形对象。拉伸路径与要转换的二维图形不能在同一空间平面上。

拉伸转换功能的 AutoCAD 命令是 EXTRUDE。启动 EXTRUDE 命令可以通过以下三种方式。

① 打开【绘图】下拉菜单选择【建模】，再选择【拉伸】选项。

② 单击【建模】工具栏上的【拉伸】按钮。

③ 在命令行"命令:"提示符下键入 EXTRUDE 并回车。

以在命令行启动 EXTRUDE 为例，拉伸转换功能的使用方法如下所述。

(1) 通过指定高度进行拉伸

先使用 PLINE、CIRCLE、ELLISPE 或 SPLINE 等命令绘制二维封闭图形作为拉伸对象，然后使用 EXTRUDE 通过指定高度进行拉伸，如图 8-50 所示。

① 命令: SPLINE（输入绘制样条曲线命令）

指定第一个点或 [对象(O)]：（输入曲线的第一点或选择对象进行样条曲线转换）

指定下一点：

指定下一点或 [闭合(C)/拟合公差(F)] <起点切向>：

指定下一点或 [闭合(C)/拟合公差(F)] <起点切向>：

......

指定下一点或 [闭合(C)/拟合公差(F)] <起点切向>：C（闭合样条曲线）

指定起点切向：（回车）

指定端点切向：（回车）

② 命令: EXTRUDE（输入放样拉伸命令）

当前线框密度：ISOLINES=4，闭合轮廓创建模式 = 实体

选择要拉伸的对象或 [模式(MO)]：找到 1 个

选择要拉伸的对象或 [模式(MO)]：（回车）

指定拉伸的高度或 [方向(D)/路径(P)/倾斜角(T)/表达式(E)] <567.6358>:1500（输入拉伸的高度）

③ 执行 VP 命令，然后在弹出的对话框设置观察视点进行观察，如图 8-51 所示。

图 8-50　创建封闭图形　　　　　　　　　　图 8-51　指定高度拉伸

(2) 通过指定路径进行拉伸

先使用 PLINE、CIRCLE、ELLISPE 或 SPLINE 等命令绘制二维封闭图形作为拉伸对象，然后使用 UCS 和相关图形绘制命令创建一条路径直线或曲线，最后使用 EXTRUDE 通过指定高度进行拉伸。如图 8-52 所示。

□ 命令: SPLINE（输入绘制样条曲线命令）

指定第一个点或 [对象(O)]：（输入曲线的第一点或选择对象进行样条曲线转换）

指定下一点：

指定下一点或 [闭合(C)/拟合公差(F)] <起点切向>：

指定下一点或 [闭合(C)/拟合公差(F)] <起点切向>：

......

指定下一点或 [闭合(C)/拟合公差(F)] <起点切向>：C（闭合样条曲线）

指定起点切向：（回车）

指定端点切向：（回车）

② 命令: UCS（使用 UCS 命令建立新的坐标系）

当前 UCS 名称：＊世界＊

指定 UCS 的原点或 ［面 (F) /命名 (NA) /对象 (OB) /上一个 (P) /视图 (V) /世界 (W) /X/Y/Z/Z 轴 (ZA)] ＜世界＞: X（绕 X 轴旋转 90° 建立新的 UCS）

指定绕 X 轴的旋转角度 ＜90＞: 90（旋转 90°）

③ 命令: ARC（绘制弧线）

指定圆弧的起点或 ［圆心 (C)]:

指定圆弧的第二个点或 ［圆心 (C) /端点 (E)]:

指定圆弧的端点:

④ 执行 VP 命令，然后在弹出的设置观察视点进行观察，如图 8-53 所示。

图 8-52 绘制封闭图形

图 8-53 指定路径拉伸

⑤ 命令:EXTRUDE

当前线框密度: ISOLINES=4，闭合轮廓创建模式 = 实体

选择要拉伸的对象或 ［模式 (MO)]: 找到 1 个

选择要拉伸的对象或 ［模式 (MO)]:

指定拉伸的高度或 ［方向 (D) /路径 (P) /倾斜角 (T) /表达式 (E)] ＜520.9240＞:P（键入 P 来指定放样路径）

选择拉伸路径或 ［倾斜角 (T)]: （选择路径曲线）

8.3.6.2 旋转转换

旋转转换功能是指可以将一些封闭的二维图形对象，如圆（CIRCLE）、椭圆（ELLISPE）、封闭的二维多义线（PLINE）、封闭的样条曲线（SPLINE）等，通过绕指定的轴线旋转生成三维实体图形。旋转轴可以是弧线（ARC）、线（LINE）或二维多义线（PLINE）或坐标轴等。旋转轴与要旋转的二维图形对象不能在同一空间平面上，因此需结合 UCS 绘制旋转轴。

旋转转换功能的 AutoCAD 命令是 REVOLVE。启动 REVOLVE 命令可以通过以下三种方式。

① 打开【绘图】下拉菜单选择【建模】，再选择【旋转】选项。

② 单击【建模】工具栏上的【旋转】按钮。

③ 在命令行"命令:"提示符下键入 REVOLVE 并回车。

以在命令行启动 REVOLVE 为例，旋转转换功能的使用方法如下所述。

（1）使用 ARC 命令绘制平面图形对象（如图 8-54 所示）

命令: ARC（绘制弧线）

指定圆弧的起点或 ［圆心 (C)]:

指定圆弧的第二个点或 ［圆心 (C) /端点 (E)]:

指定圆弧的端点:

图 8-54　绘制图形对象

（2）进行旋转生成三维图形（如图 8-55 所示）

命令：REVOLVE

当前线框密度： ISOLINES=4，闭合轮廓创建模式 = 实体

选择要旋转的对象或 [模式(MO)]：找到 1 个

选择要旋转的对象或 [模式(MO)]：

指定轴起点或根据以下选项之一定义轴 [对象(O)/X/Y/Z] <对象>：

指定轴端点：

指定旋转角度或 [起点角度(ST)/反转(R)/表达式(EX)] <360>：360（输入旋转角度）

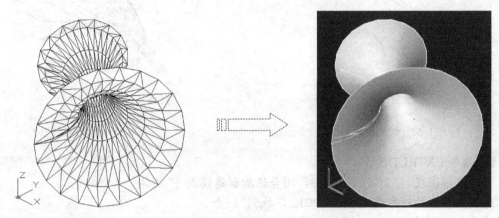

图 8-55　旋转生成三维图形

8.3.6.3　扫掠和放样

（1）扫掠

扫掠是指通过沿路径扫掠二维曲线来创建三维实体或曲面。用 SWEEP 命令，可以通过沿开放或闭合的二维或三维路径扫掠开放或闭合的平面曲线（轮廓）创建新实体或曲面。SWEEP 沿指定的路径以指定轮廓的形状绘制实体或曲面。可以扫掠多个对象，但是这些对象必须位于同一平面中。

扫掠功能的 AutoCAD 命令是 SWEEP。启动 LOFT 命令可以通过以下三种方式。

a. 打开【绘图】下拉菜单选择【建模】，再选择【扫掠】选项。

b. 单击【建模】工具栏上的【扫掠】按钮。

c. 在命令行"命令:"提示符下键入 SWEEP 并回车。

以在命令行启动 SWEEP 为例，扫掠功能的使用方法如下所述。

① 绘制一个小正方形作为扫掠对象，如图 8-56 所示。

命令： POLYGON（绘制正方形）

输入边的数目 <6>： 4

指定正多边形的中心点或 [边(E)]：

输入选项 [内接于圆(I)/外切于圆(C)] <I>：

指定圆的半径：

② 绘制螺旋图形作为扫掠路径，如图 8-57 所示。

图 8-56　绘制小正方形　　　　　　　　图 8-57　绘制螺旋图形

命令：HELIX（绘制螺旋图形）
圈数 = 3.0000　　　扭曲=CCW
指定底面的中心点：
指定底面半径或 [直径(D)] <8.0000>:38
指定顶面半径或 [直径(D)] <9674.5154>:101
指定螺旋高度或 [轴端点(A)/圈数(T)/圈高(H)/扭曲(W)] <8.0000>:8.0
③ 使用 VP 功能命令改变视点观察图形，如图 8-58 所示。
④ 进行扫掠，如图 8-59 所示。

图 8-58　改变视点观察图形　　　　　　图 8-59　扫掠得到的图形

命令：SWEEP（进行扫掠）
当前线框密度：ISOLINES=4，闭合轮廓创建模式 = 实体
选择要扫掠的对象或 [模式(MO)]：_MO 闭合轮廓创建模式 [实体(SO)/曲面(SU)] <
实体>：_SO
选择要扫掠的对象或 [模式(MO)]：找到 1 个
选择要扫掠的对象或 [模式(MO)]：（回车）
选择扫掠路径或 [对齐(A)/基点(B)/比例(S)/扭曲(T)]：（选择螺旋曲线路径）

(2) 放样

使用放样（LOFT）命令，可以通过对包含两条或两条以上横截面曲线的一组曲线进行放样（绘制实体或曲面）来创建三维实体或曲面。横截面定义了结果实体或曲面的轮廓（形状）。横截面（通常为曲线或直线）可以是开放的（例如圆弧），也可以是闭合的（例如圆）。LOFT 用于在横截面之间的空间内绘制实体或曲面。使用 LOFT 命令时，必须至少指定两个横截面。

如果对一组闭合的横截面曲线进行放样，则生成实体。 如果对一组开放的横截面曲线

进行放样，则生成曲面。

放样功能的 AutoCAD 命令是 LOFT。启动 LOFT 命令可以通过以下三种方式。

a. 打开【绘图】下拉菜单选择【建模】，再选择【放样】选项。

b. 单击【建模】工具栏上的【放样】按钮。

c. 在命令行"命令:"提示符下键入 LOFT 并回车。

以在命令行启动 LOFT 为例，旋转转换功能的使用方法如下所述。

① 绘制 2 个截面（圆形和六边形），如图 8-60 所示。

a. 命令: POLYGON（绘制六边形）

输入边的数目 <4>: 6

指定正多边形的中心点或 [边(E)]:

需要点或选项关键字。

指定正多边形的中心点或 [边(E)]:

输入选项 [内接于圆(I)/外切于圆(C)] <I>:

指定圆的半径:

b. 命令:CIRCLE（绘制圆形）

指定圆的圆心或 [三点(3P)/两点(2P)/相切、相切、半径(T)]:

指定圆的半径或 [直径(D)] <1028.3095>:

② 改变 UCS，绘制放样路径曲线，如图 8-61 所示。

图 8-60　绘制 2 个截面　　　　　　　　图 8-61　绘制路径曲线

a. 命令: UCS（改变 UCS）

当前 UCS 名称: *世界*

指定 UCS 的原点或 [面(F)/命名(NA)/对象(OB)/上一个(P)/视图(V)/世界(W)/X/Y/Z/Z 轴(ZA)] <世界>: X

指定绕 X 轴的旋转角度 <90>:90

b. 命令:ARC（绘制放样路径曲线）

指定圆弧的起点或 [圆心(C)]:

指定圆弧的第二个点或 [圆心(C)/端点(E)]:

指定圆弧的端点:

③ 移动其中一个截面图形，如图 8-62 所示。

命令: MOVE

选择对象:找到 1 个

选择对象:

指定基点或 [位移(D)] <位移>:

指定第二个点或 <使用第一个点作为位移>:

④ 进行放样，使用 VP 改变视图观察，如图 8-63 所示。

图 8-62 移动图形   图 8-63 进行放样

命令：LOFT（进行放样）

当前线框密度： ISOLINES=4，闭合轮廓创建模式 = 实体

按放样次序选择横截面或 [点(PO)/合并多条边(J)/模式(MO)]: _MO 闭合轮廓创建模式 [实体(SO)/曲面(SU)] <实体>:_SO

按放样次序选择横截面或 [点(PO)/合并多条边(J)/模式(MO)]: 找到 1 个

按放样次序选择横截面或 [点(PO)/合并多条边(J)/模式(MO)]: 找到 1 个，总计 2 个

按放样次序选择横截面或 [点(PO)/合并多条边(J)/模式(MO)]: （回车）

选中了 2 个横截面

输入选项 [导向(G)/路径(P)/仅横截面(C)/设置(S)] <仅横截面>:（回车）

8.4 三维图形 CAD 快速修改与编辑

除了可以继续使用二维平面绘图中的编辑功能（如复制、移动和删除等）外，三维图形还具有其独立的基本编辑与修改功能，包括三维旋转（3DROTATE）、三维镜像（MIRROR3D）、三维阵列（3DARRAY）与三维对齐（3DALIGN）、布尔运算、三维倒角等多种操作。这些功能命令为绘制三维图形提供了最为基本的编辑与修改的操作。

8.4.1 三维 CAD 图形基本操作方法

8.4.1.1 三维移动、三维旋转和三维镜像

（1）三维移动

AutoCAD 三维移动是指在三维视图中，并沿指定方向将对象移动指定距离，其 AutoCAD 功能命令是 3DMOVE。启动 3DMOVE 命令可以通过以下两种方式，如图 8-64 所示。

① 打开【修改】下拉菜单中的【三维操作】子菜单，选择其中的【三维移动】命令。

② 在"命令:"提示下直接输入命令 3DMOVE。

命令：3DMOVE

选择对象：找到 1 个

选择对象：

指定基点或 [位移(D)] <位移>:

指定第二个点或 <使用第一个点作为位移>:

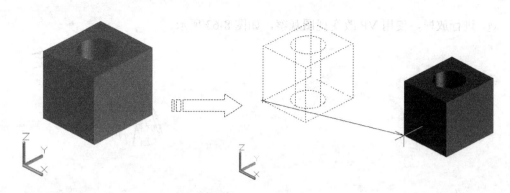

图 8-64　三维移动

（2）三维旋转

将指定的图形对象绕三维空间的轴（该轴为旋转轴，可以是坐标轴或图形对象）旋转称为 AutoCAD 三维旋转编辑功能，其 AutoCAD 功能命令是 3DROTATE。启动 3DROTATE 命令可以通过以下两种方式。

① 打开【修改】下拉菜单中的【三维操作】子菜单，选择其中的【三维旋转】命令。

② 在"命令:"提示下直接输入命令 3DROTATE。

以在命令行启动 3D ROTATE 为例，三维旋转编辑功能的使用方法如下所述，如图 8-65 所示。

图 8-65　三维旋转

命令：3DROTATE（输入三维旋转命令）

UCS 当前的正角方向：　ANGDIR=逆时针　ANGBASE=0

选择对象：找到 1 个

选择对象：

指定基点：

拾取旋转轴：

指定角的起点或键入角度：

指定角的端点：

（3）三维镜像

将指定的图形对象相对于某个空间平面作镜像操作，得到对称于该空间平面的图形，该编辑功能称为 AutoCAD 三维镜像。镜像空间平面可以是任一空间面。其 AutoCAD 功能命令是 MIRROR3D。启动 MIRROR3D 命令可以通过以下两种方式。

① 打开【修改】下拉菜单中的【三维操作】子菜单，选择其中【三维镜像】的命令。

② 在"命令:"提示下直接输入命令 MIRROR3D。

以在命令行启动 MIRROR3D 为例，三维镜像编辑功能的使用方法如下所述，如图 8-66 所示。

指定3点平面

图 8-66　三维镜像

命令：MIRROR3D（输入三维镜像命令）

选择对象：找到 1 个（选择三维图形对象）

选择对象：

指定镜像平面（三点）的第一个点或 [对象(O)/最近的(L)/Z 轴(Z)/视图(V)/XY 平面(XY)/YZ 平面(YZ)/ZX 平面(ZX)/三点(3)] <三点>：（选择确定镜像空间平面的选项，此处以指定 3 个点平面作为镜像空间平面）

在镜像平面上指定第二点：

在镜像平面上指定第三点：

是否删除源对象？[是(Y)/否(N)] <否>：N（输入 Y 或 N 确定是否删除原图形对象）

8.4.1.2　三维阵列

（1）三维矩形阵列

将指定的图形对象按矩形排列方式生成多个图形对象，形成一个矩形排列图形对象群体，该编辑功能称为 AutoCAD 三维矩形阵列，其 AutoCAD 功能命令是 3DARRAY。启动 3DARRAY 命令可以通过以下两种方式。

① 打开【修改】下拉菜单中的【三维操作】子菜单，选择其中的【三维阵列】命令。

② 在"命令:"提示下直接输入命令 3DARRAY。

以在命令行启动 3DARRAY 为例，三维矩形阵列编辑功能的使用方法如下所述，如图 8-67 所示。

命令：3DARRAY（输入三维矩形阵列命令）

选择对象：指定对角点：找到 1 个（选择目标对象）

选择对象：（回车）

输入阵列类型 [矩形(R)/环形(P)] <矩形>：R（选择阵列方式，此处选择 R 按矩形方式产生阵列）

输入行数 (---) <1>：3

输入列数 (||||) <1>：2

输入层数 (...) <1>：3

指定行间距 (---)：　指定第二点：

指定列间距（|||）：指定第二点：
指定层间距（...）：指定第二点：

三维矩形阵列中的行、列、层分别是沿着当前 UCS 的 X、Y、Z 轴的方向。此外，所要输入的间距值可以是正值或负值。若输入的值是正值，则表示阵列是沿着相应坐标轴的正方向进行，否则是沿着相应坐标轴的负方向进行。

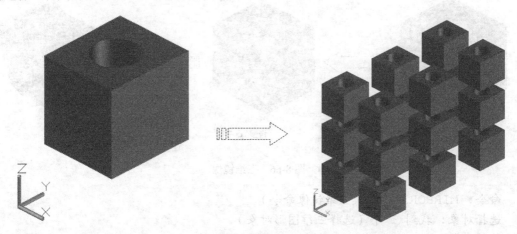

图 8-67　三维矩形阵列

（2）三维环形阵列

将指定的图形对象按环形排列方式生成多个图形对象，形成一个圆周排列图形对象群体，该编辑功能称为 AutoCAD 三维环形阵列，其 AutoCAD 功能命令也是 3DARRAY。启动 3DARRAY 命令可以通过以下两种方式。

① 打开【修改】下拉菜单中的【三维操作】子菜单，选择其中的【三维阵列】命令。

② 在"命令:"提示下直接输入命令 3DARRAY。

以在命令行启动 3DARRAY 为例，三维圆周阵列编辑功能的使用方法如下所述，如图 8-68 所示。

图 8-68　三维环形阵列

命令：3DARRAY（输入三维圆周阵列命令）
正在初始化...　已加载 3DARRAY。
选择对象：找到 1 个（选择目标对象）
选择对象：（回车）
输入阵列类型 [矩形(R)/环形(P)] <矩形>:P（选择 P 按圆周方式产生阵列）
输入阵列中的项目数目：6

指定要填充的角度（+=逆时针，-=顺时针）<360>:360（输入按圆周阵列的圆心角）

旋转阵列对象？[是(Y)/否(N)]<Y>：Y（确定阵列时是否旋转图形对象，若输入 N 则不旋转图形对象，只作平移）

指定阵列的中心点：

指定旋转轴上的第二点：

8.4.1.3　三维对齐

将指定的图形对象根据条件来改变指定其方向、位置和角度等，该编辑功能称为 AutoCAD 三维对齐。其 AutoCAD 功能命令是 3DALIGN。启动 3DALIGN 命令可以通过以下两种方式。

① 打开【修改】下拉菜单中的【三维操作】子菜单，选择其中的【三维对齐】命令。

② 在"命令:"提示下直接输入命令 3DALIGN。

以在命令行启动 3DALIGN 为例，三维对齐编辑功能的使用方法如下所述，如图 8-69 所示。

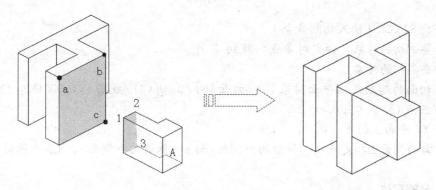

图 8-69　三维对齐

命令:3DALIGN（输入三维对齐命令）

选择对象：找到 1 个（选择图形对象 A）

选择对象：（回车）

指定源平面和方向 ...

指定基点或[复制(C)]：（指定要改变位置的对象上的第一个源点 1）

指定第二个点或[继续(C)]<C>：（指定要改变位置的对象上的第二个源点 2）

指定第三个点或[继续(C)]<C>：（指定要改变位置的对象上的第二个源点 3）

指定目标平面和方向 ...

指定第一个目标点：（指定第一个目标点 a）

指定第二个目标点或[退出(X)]<X>：（指定第二个目标点 b）

指定第三个目标点或[退出(X)]<X>：（指定第三个目标点 c）

8.4.1.4　三维实体切割和分解

（1）切割实体

利用指定的平面对实体进行剖切，将 AutoCAD 三维实体一分为二的编辑功能称为切割，其 AutoCAD 功能命令是 SLICE。启动 SLICE 命令可以通过以下两种方式。

① 打开【修改】下拉菜单中的【三维操作】子菜单，选择其中的【切割】命令。

② 在命令行"命令:"提示符下输入 SLICE 并回车。

以在命令行启动 SLICE 为例，三维实体的切割命令功能使用方法如下所述，如图 8-70 所示。

图 8-70　切割实体

命令：SLICE（输入切割命令）

选择要剖切的对象：指定对角点：找到 2 个

选择要剖切的对象：

指定切面的起点或 [平面对象(O)/曲面(S)/Z 轴(Z)/视图(V)/XY(XY)/YZ(YZ)/ZX(ZX)/三点(3)] <三点>：YZ

指定 YZ 平面上的点 <0,0,0>：

在所需的侧面上指定点或 [保留两个侧面(B)] <保留两个侧面>：（点击保留一侧实体位置点）

（2）分解实体

将三维实体分离成实体外表面的面域或独立的骨架体（BODY）的编辑功能称为分解。在 AutoCAD 中，面域或骨架体是由线（LINE）、弧（ARC）或样条曲线（SPLINE）以线框的形式表示的，其 AutoCAD 功能命令是 EXPLODE。启动 EXPLODE 命令可以通过以下三种方式。

① 打开【修改】下拉菜单中的命令，从弹出的子菜单中选择【EXPLODE】命令。

② 单击修改工具栏上的分解命令功能图标。

③ 在命令行"命令："提示符下输入 EXPLODE 并回车。

以在命令行启动 EXPLODE 为例，分解三维实体的使用方法如下所述（执行 EXPLODE 命令后，再使用 MOVE 移动相应的图形对象元素即可知道分解的情况），如图 8-71 所示。

命令：EXPLODE（输入分解命令）

选择对象：找到 1 个（选择要分解的实体图形）

选择对象：（回车结束）

若对三维实体图形进行多次分解，可以得到不同类型的图形对象，如图 8-72 所示。

8.4.2　三维 CAD 实体的编辑修改基本方法

对于三维实体图形，AutoCAD 提供了专门的编辑修改命令，这些编辑修改功能命令包括倒角、倒圆角、切割和切面等方法。此外，AutoCAD 还提供了专门编辑修改实体边、面和体的功能，这些功能包括改变边的颜色、将三维实体中的边复制成单独的线框对象；对实体的面进行拉伸、着色、移动、旋转、倾斜、删除和复制等多项操作。

图 8-71 分解实体图   图 8-72 多次分解实体

8.4.2.1 三维实体倒角边与圆角边

（1）倒角边

将 AutoCAD 三维实体的外角（凸边）切去或填充三维实体的内角（凹边）的编辑功能称为倒角。其 AutoCAD 功能命令是 CHAMFEREDGE。启动 CHAMFEREDGE 命令可以通过以下三种方式。

① 打开【修改】下拉菜单，选择【实体编辑】中的【倒角边】命令。

② 单击【实体编辑】工具栏上的命令【倒角边】功能图标。

③ 在命令行"命令:"提示符下输入 CHAMFEREDGE 并回车。

以在命令行启动 CHAMFEREDGE 为例，三维实体的倒角边编辑修改方法如下所述，如图 8-73 所示。

图 8-73 实体倒角边编辑修改

```
命令：CHAMFEREDGE
距离 1 = 8.0000, 距离 2 = 8.0000
选择一条边或 [环(L)/距离(D)]: D
指定距离 1 或 [表达式(E)] <8.0000>: 20
指定距离 2 或 [表达式(E)] <8.0000>: 30
选择一条边或 [环(L)/距离(D)]:
选择同一个面上的其他边或 [环(L)/距离(D)]:
按 Enter 键接受倒角或 [距离(D)]:
```

（2）圆角边

将 AutoCAD 三维实体的凸边或凹边切成圆角的编辑功能称为圆角，其 AutoCAD 功能命令是 FILLETEDGE。启动 FILLETEDGE 命令可以通过以下三种方式。

① 打开【修改】下拉菜单，选择【实体编辑】中的【圆角边】命令。

② 单击【实体编辑】工具栏上的命令【圆角边】功能图标。

③ 在命令行"命令:"提示符下输入 FILLETEDGE 并回车。

以在命令行启动 FILLETEDGE 为例，三维实体的圆角边编辑修改方法如下所述，如图 8-74 所示。

图 8-74　实体圆角边编辑修改

命令：FILLETEDGE

半径 = 8.0000

选择边或 [链(C)/环(L)/半径(R)]: R

输入圆角半径或 [表达式(E)] <8.0000>: 50

选择边或 [链(C)/环(L)/半径(R)]:

选择边或 [链(C)/环(L)/半径(R)]:

已选定 1 个边用于圆角

按 Enter 键接受圆角或 [半径(R)]:

8.4.2.2　三维实体图形布尔运算

布尔（Boolean）运算是 AutoCAD 中常用的三维实体编辑修改功能之一，包括并集（UNION）、差集（SUBTRACT）与交集（INTERSECT）。

（1）并集

将两个或两个以上三维实体经过运算合并为一个三维实体的编辑运算功能称为并集，其 AutoCAD 功能命令是 UNION。启动 UNION 命令可以通过以下三种方式。

① 打开【修改】下拉菜单中的【实体编辑】子菜单，选择其中的【并集】命令。

② 单击【建模】工具栏上的【并集】命令功能图标。

③ 在命令行"命令:"提示符下输入 UNION 并回车。

以在命令行启动 UNION 为例，三维实体的并集使用方法如下所述，如图 8-75 所示。

命令：UNION（输入并集命令）

选择对象：找到 1 个（选择进行运算的三维实体）

选择对象：找到 1 个（选择进行运算的三维实体）

选择对象：找到 1 个，总计 3 个（进行选择三维实体，可选择多个，数目不限）

选择对象：（回车）

图 8-75 并集

（2）差集

将两个或两个以上三维实体经过运算，去掉其中一些实体，从而形成一个新的三维实体的编辑运算功能称为差集，其 AutoCAD 功能命令是 SUBTRACT。启动 SUBTRACT 命令可以通过以下三种方式。

① 打开【修改】下拉菜单中的【实体编辑】子菜单，选择其中的【差集】命令。

② 单击【建模】工具栏上的【差集】命令功能图标。

③ 在命令行"命令:"提示符下输入 SUBTRACT 并回车。

以在命令行启动 SUBTRACT 为例，三维实体的差集使用方法如下所述，如图 8-76 所示。

图 8-76 差集

命令：SUBTRACT（输入差集命令）

选择要从中减去的实体、曲面和面域...

选择对象：找到 1 个

选择对象：（回车）

选择要减去的实体、曲面和面域...

选择对象：找到 1 个

选择对象：（回车）

（3）交集

将两个或两个以上三维实体进行运算，运算的结果是得到一个新实体，该实体是所有选择到的运算前实体的公共部分，该编辑运算功能称为交集。其 AutoCAD 功能命令是 INTERSECT。启动 INTERSECT 命令可以通过以下三种方式。

① 打开【修改】下拉菜单中的【实体编辑】子菜单，选择其中的【交集】命令。

② 单击【建模】工具栏上的【交集】命令功能图标。

③ 在命令行"命令:"提示符下输入 INTERSECT 并回车。

以在命令行启动 INTERSECT 为例,三维实体的交集使用方法如下所述,如图 8-77 所示。

图 8-77　交集

命令：INTERSECT（输入交集命令）

选择对象：找到 1 个

选择对象：找到 1 个,总计 2 个

选择对象：（回车结束）

8.4.2.3　三维实体图形边的编辑修改

三维实体边的编辑修改功能包括修压印边、着色边、复制边,其 AutoCAD 功能命令分别是 SOLIDEDIT 中的边编辑修改功能命令压印边（imprint）、复制边（Copy Edges）等。启动 SOLIDEDIT 命令进行边的编辑修改可以通过以下三种方式。

①　打开【修改】下拉菜单中的【实体编辑】命令,从弹出的子菜单中选择相应的边修改功能命令。

②　单击【实体编辑】工具栏上的压印边、着色边、复制边命令选项图标。

③　在命令行"命令:"提示符下输入 SOLIDEDIT 并回车,接着在命令提示下分别输入 EDGE 和 L 或 EDGE 和 C。

以在命令行启动 SOLIDEDIT 为例,三维实体边的编辑修改功能使用方法如下所述。

（1）边的复制

命令: SOLIDEDIT（输入实体编辑命令,如图 8-78 所示）

实体编辑自动检查：　SOLIDCHECK=1

输入实体编辑选项 [面(F)/边(E)/体(B)/放弃(U)/退出(X)] <退出>：_edge

输入边编辑选项 [复制(C)/着色(L)/放弃(U)/退出(X)] <退出>：_copy

选择边或 [放弃(U)/删除(R)]：

选择边或 [放弃(U)/删除(R)]：

选择边或 [放弃(U)/删除(R)]：

选择边或 [放弃(U)/删除(R)]：

……

选择边或 [放弃(U)/删除(R)]：（回车）

指定基点或位移：

指定位移的第二点：

输入边编辑选项 [复制(C)/着色(L)/放弃(U)/退出(X)] <退出>：

实体编辑自动检查: SOLIDCHECK=1

输入实体编辑选项 [面(F)/边(E)/体(B)/放弃(U)/退出(X)] <退出>:(回车)

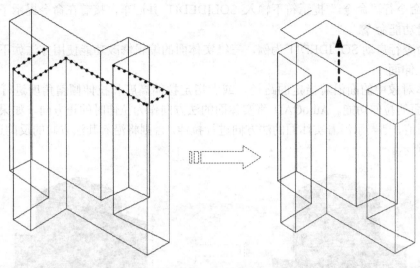

图 8-78 边的复制

(2) 压印

命令: imprint (输入实体编辑命令, 如图 8-79 所示)

图 8-79 压印

选择三维实体或曲面:

选择要压印的对象:

是否删除源对象 [是(Y)/否(N)] <N>: Y

选择要压印的对象:

8.4.2.4 三维实体图形面的编辑修改

AutoCAD 的三维实体面编辑修改功能,包括面的拉伸、移动、旋转、偏移、倾斜、删除、复制与改变颜色等多项操作。其 AutoCAD 功能命令分别是 SOLIDEDIT 中的面编辑修改功能命令 Face 和 Extrude、Face 和 Move、Face 和 Rotate、Face 和 Offset、Face 和 Tape、Face 和 Delete、Face 和 Copy、Face 和 Color 等。启动 SOLIDEDIT 命令进行面的编辑修改可以通过以下三种方式。

① 打开【修改】下拉菜单中的【实体编辑】命令,从弹出的子菜单中选择相应的编辑

功能命令。

② 单击 Solids Editing 工具栏上的相应的编辑功能命令选项图标。

③ 在命令行"命令:"提示符下输入 SOLIDEDIT 并回车,接着在命令提示下分别输入相应的编辑功能命令。

以在命令行启动 SOLIDEDIT 为例,三维实体面的编辑修改功能使用方法如下所述。

(1) 拉伸面

将实体对象中的面沿着指定的路径,或者指定拉伸高度和拉伸倾斜角度进行拉伸称为 AutoCAD 面的拉伸功能。AutoCAD 将实体面的法方向作为拉伸时的正方向。如果输入的拉伸高度是正值,则表示沿着实体面的法方向进行拉伸,否则将沿着其法方向的反向进行拉伸。如图 8-80 所示。

图 8-80　拉伸面

命令: SOLIDEDIT(输入实体编辑命令)

实体编辑自动检查: SOLIDCHECK=1

输入实体编辑选项 [面(F)/边(E)/体(B)/放弃(U)/退出(X)] <退出>: _face(进行实体面的拉伸操作)

输入面编辑选项

[拉伸(E)/移动(M)/旋转(R)/偏移(O)/倾斜(T)/删除(D)/复制(C)/颜色(L)/材质(A)/放弃(U)/退出(X)] <退出>: _extrude

选择面或 [放弃(U)/删除(R)]: 找到一个面

选择面或 [放弃(U)/删除(R)/全部(ALL)]:

指定拉伸高度或 [路径(P)]: 指定第二点:(输入拉伸高度或输入 P 采用路径进行拉伸)

指定拉伸的倾斜角度 <0>: 0

已开始实体校验。

已完成实体校验。

输入面编辑选项

[拉伸(E)/移动(M)/旋转(R)/偏移(O)/倾斜(T)/删除(D)/复制(C)/颜色(L)/材质(A)/放弃(U)/退出(X)] <退出>:(回车)

实体编辑自动检查: SOLIDCHECK=1

输入实体编辑选项 [面(F)/边(E)/体(B)/放弃(U)/退出(X)] <退出>:(回车结束操作)

(2) 移动面

将三维实体对象中的面移动到指定的位置与方向上称为 AutoCAD 面的移动功能,如图

8-81 所示。

图 8-81　移动面

命令：SOLIDEDIT（输入实体编辑命令）

实体编辑自动检查： SOLIDCHECK=1

输入实体编辑选项 [面(F)/边(E)/体(B)/放弃(U)/退出(X)] <退出>： _face

输入面编辑选项

[拉伸(E)/移动(M)/旋转(R)/偏移(O)/倾斜(T)/删除(D)/复制(C)/颜色(L)/材质(A)/放弃(U)/退出(X)] <退出>： _move

选择面或 [放弃(U)/删除(R)]：找到一个面（选择要移动的实体面）

选择面或 [放弃(U)/删除(R)/全部(ALL)]：（回车）

指定基点或位移：

指定位移的第二点：

已开始实体校验。

已完成实体校验。

输入面编辑选项

[拉伸(E)/移动(M)/旋转(R)/偏移(O)/倾斜(T)/删除(D)/复制(C)/颜色(L)/材质(A)/放弃(U)/退出(X)] <退出>：（回车）

实体编辑自动检查： SOLIDCHECK=1

输入实体编辑选项 [面(F)/边(E)/体(B)/放弃(U)/退出(X)] <退出>：（回车结束操作）

（3）旋转面

将实体中的一个或多个面，绕指定的轴旋转一个角度称为 AutoCAD 面的旋转功能。旋转轴可以通过指定两点或选择一个对象来确定，也可以采用 UCS 的坐标轴作为旋转轴。如图 8-82 所示。

命令：SOLIDEDIT（输入实体编辑命令）

实体编辑自动检查： SOLIDCHECK=1

输入实体编辑选项 [面(F)/边(E)/体(B)/放弃(U)/退出(X)] <退出>： _face（实体面的编辑操作）

输入面编辑选项

[拉伸(E)/移动(M)/旋转(R)/偏移(O)/倾斜(T)/删除(D)/复制(C)/颜色(L)/材质(A)/放弃(U)/退出(X)] <退出>： _rotate（旋转实体面）

选择面或 [放弃(U)/删除(R)]：找到一个面（选择要旋转的面）

选择面或 [放弃(U)/删除(R)/全部(ALL)]：（回车）

指定轴点或 [经过对象的轴(A)/视图(V)/X 轴(X)/Y 轴(Y)/Z 轴(Z)] <两点>：（指定两点作为旋转轴）

在旋转轴上指定第二个点：

指定旋转角度或 [参照(R)]：45

已开始实体校验。

已完成实体校验。

输入面编辑选项

[拉伸(E)/移动(M)/旋转(R)/偏移(O)/倾斜(T)/删除(D)/复制(C)/颜色(L)/材质(A)/放弃(U)/退出(X)] <退出>：

实体编辑自动检查：SOLIDCHECK=1

输入实体编辑选项 [面(F)/边(E)/体(B)/放弃(U)/退出(X)] <退出>：（回车结束操作）

图 8-82　旋转面

（4）偏移面

将实体中的一个或多个面以相等的指定距离移动或通过指定的点称为 AutoCAD 面的偏移功能，如图 8-83 所示。

图 8-83　偏移面

命令：SOLIDEDIT（输入实体编辑命令）

实体编辑自动检查：SOLIDCHECK=1

输入实体编辑选项 [面(F)/边(E)/体(B)/放弃(U)/退出(X)] <退出>：_face（进入实体面的编辑操作）

输入面编辑选项

[拉伸(E)/移动(M)/旋转(R)/偏移(O)/倾斜(T)/删除(D)/复制(C)/颜色(L)/材质(A)/放弃(U)/退出(X)] <退出>：_offset（对实体面进行偏移）

选择面或 [放弃(U)/删除(R)]：找到一个面（选择要偏移的实体面）

选择面或 [放弃(U)/删除(R)/全部(ALL)]：

指定偏移距离：　指定第二点：

已开始实体校验。

已完成实体校验。

输入面编辑选项

[拉伸(E)/移动(M)/旋转(R)/偏移(O)/倾斜(T)/删除(D)/复制(C)/颜色(L)/材质(A)/放弃(U)/退出(X)] <退出>：

实体编辑自动检查：　SOLIDCHECK=1

输入实体编辑选项 [面(F)/边(E)/体(B)/放弃(U)/退出(X)] <退出>：（回车结束操作）

(5) 倾斜面

将实体中的一个或多个面按指定的角度进行倾斜称为 AutoCAD 面的倾斜功能。当输入的倾斜角度为正值时，实体面将向内收缩倾斜；否则将向外放大倾斜。如图 8-84 所示。

图 8-84　倾斜面

命令：SOLIDEDIT（输入实体编辑命令）

实体编辑自动检查：　SOLIDCHECK=1

输入实体编辑选项 [面(F)/边(E)/体(B)/放弃(U)/退出(X)] <退出>：_face（进入实体面的编辑操作）

输入面编辑选项

[拉伸(E)/移动(M)/旋转(R)/偏移(O)/倾斜(T)/删除(D)/复制(C)/颜色(L)/材质(A)/放弃(U)/退出(X)] <退出>：_taper（对实体面进行倾斜编辑操作）

选择面或 [放弃(U)/删除(R)]：找到一个面（选择要倾斜的实体面）

选择面或 [放弃(U)/删除(R)/全部(ALL)]：

指定基点：

指定沿倾斜轴的另一个点：

指定倾斜角度：30

已开始实体校验。

已完成实体校验。

输入面编辑选项

[拉伸(E)/移动(M)/旋转(R)/偏移(O)/倾斜(T)/删除(D)/复制(C)/颜色(L)/材质(A)/放弃(U)/退出(X)] <退出>:

实体编辑自动检查: SOLIDCHECK=1

输入实体编辑选项 [面(F)/边(E)/体(B)/放弃(U)/退出(X)] <退出>: (回车)

（6）删除面

将三维实体中的一个或多个面从实体中删去称为 AutoCAD 面的删除功能。此种功能适合于倒圆角所产生的面的删除操作。如图 8-85 所示。

图 8-85 删除面

命令：SOLIDEDIT（输入实体编辑命令）

实体编辑自动检查: SOLIDCHECK=1

输入实体编辑选项 [面(F)/边(E)/体(B)/放弃(U)/退出(X)] <退出>: _face（进入实体面编辑操作）

输入面编辑选项

[拉伸(E)/移动(M)/旋转(R)/偏移(O)/倾斜(T)/删除(D)/复制(C)/颜色(L)/材质(A)/放弃(U)/退出(X)] <退出>: _delete（进行删除实体面编辑）

选择面或 [放弃(U)/删除(R)]：找到一个面

选择面或 [放弃(U)/删除(R)/全部(ALL)]：

已开始实体校验。

已完成实体校验。

输入面编辑选项

[拉伸(E)/移动(M)/旋转(R)/偏移(O)/倾斜(T)/删除(D)/复制(C)/颜色(L)/材质(A)/放弃(U)/退出(X)] <退出>:

实体编辑自动检查: SOLIDCHECK=1

输入实体编辑选项 [面(F)/边(E)/体(B)/放弃(U)/退出(X)] <退出>:（回车结束编辑）

（7）复制面

将三维实体中的一个或多个面复制成面域对象或三维表面图形对象称为 AutoCAD 面的复制功能，如图 8-86 所示。

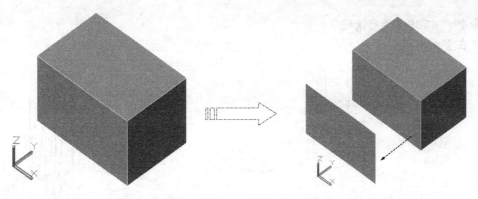

图 8-86　复制面

命令：SOLIDEDIT（输入实体编辑命令）

实体编辑自动检查：SOLIDCHECK=1

输入实体编辑选项 [面(F)/边(E)/体(B)/放弃(U)/退出(X)] <退出>：_face（进行实体面复制编辑）

输入面编辑选项

[拉伸(E)/移动(M)/旋转(R)/偏移(O)/倾斜(T)/删除(D)/复制(C)/颜色(L)/材质(A)/放弃(U)/退出(X)] <退出>：_copy

选择面或 [放弃(U)/删除(R)]：找到一个面

选择面或 [放弃(U)/删除(R)/全部(ALL)]：

指定基点或位移：

指定位移的第二点：

输入面编辑选项

[拉伸(E)/移动(M)/旋转(R)/偏移(O)/倾斜(T)/删除(D)/复制(C)/颜色(L)/材质(A)/放弃(U)/退出(X)] <退出>：（回车）

实体编辑自动检查：SOLIDCHECK=1

输入实体编辑选项 [面(F)/边(E)/体(B)/放弃(U)/退出(X)] <退出>：（回车）

8.5　三维 CAD 图形渲染美化

AutoCAD 三维图形的渲染美化功能，包括消隐、阴影图和渲染图等方式。通过对三维图形进行简单的渲染美化，可以使 AutoCAD 绘制的图形效果更加逼真、直观形象，更为符合视觉效果。相对其他专业渲染软件（如 3DS MAX、Lightscape、VR），AutoCAD 的渲染功能是初步的，润饰比较粗糙。

8.5.1　消隐效果图

将三维图形对象的不可见轮廓线隐去，同时隐去被前面图形遮挡住图形对象的轮廓线的功能称为消隐。其 AutoCAD 功能命令是 HIDE。启动 HIDE 命令可以通过以下两种方式。

① 打开【视图】下拉菜单，执行【消隐】命令选项。

② 在命令行"命令："提示符下输入 HIDE 并回车。

以在命令行启动 HIDE 为例，三维图形消隐功能使用方法如下所述，如图 8-87 所示。

命令：HIDE（进行消隐）
正在重生成模型。

图 8-87　消隐功能

8.5.2　视觉样式效果图

隐去三维图形所有的隐藏线，并且对可见的表面进行平滑的颜色处理，使其表达效果具有一定的真实性而得到的效果图，即是 AutoCAD 不同视觉样式。注意要显示从点光源、平行光、聚光灯或阳光发出的光线，应将视觉样式设置为真实、概念或带有着色对象的自定义视觉样式。

其 AutoCAD 功能命令分别是 VSCURRENT。启动 VSCURRENT 命令可以通过以下两种方式。

① 打开【视图】下拉菜单选择【视觉样式】命令，然后在弹出的子菜单中进行命令选择。

② 在"命令:"命令行下直接输入 VSCURRENT 命令后回车。

以在命令行启动 VSCURRENT 为例，三维图形视觉样式图建立使用方法如下所述。

命令：VSCURRENT（使用 VSCURRENT 创建三维图形的视觉样式图）

输入选项 [二维线框(2)/线框(W)/隐藏(H)/真实(R)/概念(C)/着色(S)/带边缘着色(E)/灰度(G)/勾画(SK)/X 射线(X)/其他(O)]＜二维线框＞：C（输入 C 表示以概念形式来显示模型对象）

其中上述有关命令选项的含义效果参考图 8-88 所示。

（a）线框、真实、着色、概念效果

（b）带边缘着色、X 射线效果

（c）隐藏、灰度、勾画效果

图 8-88 各种视觉样式图效果对比

第**9**章

机械设计三维图形CAD绘制实例演示

本节案例以图 9-1 所示的某三维机械零件图为例，讲解三维机械图形的 CAD 快速绘制方法，其他三维机械图形绘制方法类似。为便于学习 CAD 绘图技能，本书提供本章讲解实例的 CAD 图形（dwg 格式图形文件）供学习使用。读者连接互联网后可以登录到如下任一地址下载，图形文件仅供学习参考：

百度网盘（下载地址为：http://pan.baidu.com/share/link?shareid=1525150580&uk=605274645）

　　　　(a) 零件三维效果图　　　　　　　　(b) 零件尺寸大小

图 9-1　某三维机械零件图

（1）先使用 PLINE 绘制机械零件底部矩形平面轮廓

操作方法：对于 CAD 操作熟悉的也可以直接使用 BOX 绘制得到底部三维轮廓。

操作命令：PLINE（PL）、DIMLINEAR、DIMSTYLE 等。

命令：PLINE

指定起点：

当前线宽为 0.0000

指定下一点或 [圆弧(A)/半宽(H)/长度(L)/放弃(U)/宽度(W)]：<正交 开> 60

指定下一点或 [圆弧(A)/闭合(C)/半宽(H)/长度(L)/放弃(U)/宽度(W)]：40

指定下一点或 [圆弧(A)/闭合(C)/半宽(H)/长度(L)/放弃(U)/宽度(W)]：<极轴
开> <正交 开> <对象捕捉追踪 开>

指定下一点或 [圆弧(A)/闭合(C)/半宽(H)/长度(L)/放弃(U)/宽度(W)]：

指定下一点或 [圆弧(A)/闭合(C)/半宽(H)/长度(L)/放弃(U)/宽度(W)]：C

操作示意：见图9-2。

图9-2　绘制底部平面轮廓

（2）切换为三维视图观察所绘的平面轮廓图形

操作方法：使用视点预设方法进行观察。

操作命令：DDVPOINT（VP）等。

操作示意：见图9-3。

图9-3　切换三维视图观察图形

（3）使用 EXTRUDE 命令将平面轮廓拉伸为三维图形

操作方法：拉伸高度为机械零件底部的高度,注意前面使用 PLINE 绘制的轮廓要闭合,否则不能拉伸。

操作命令：EXTRUDE 等。

命令：EXTRUDE

当前线框密度： ISOLINES=4，闭合轮廓创建模式 = 实体

选择要拉伸的对象或 [模式(MO)]：_MO 闭合轮廓创建模式 [实体(SO)/曲面(SU)]

<实体>：_SO

选择要拉伸的对象或 [模式(MO)]：找到 1 个

选择要拉伸的对象或 [模式(MO)]：

指定拉伸的高度或 [方向(D)/路径(P)/倾斜角(T)/表达式(E)] <3.9708>：8

操作示意：见图9-4。

图9-4　拉伸为三维图形

（4）绘制圆柱体

操作方法：圆柱体的中心位于长方体底部短边中心位置。

操作命令：CYLINDER 等。

命令：CYLINDER

指定底面的中心点或 [三点(3P)/两点(2P)/切点、切点、半径(T)/椭圆(E)]：

指定底面半径或 [直径(D)]：

指定高度或 [两点(2P)/轴端点(A)] <8.0000>：35

操作示意：见图9-5。

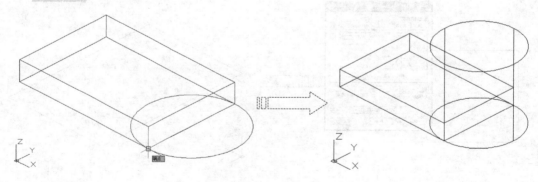

图9-5　绘制圆柱体

（5）再绘制一个小圆柱体

操作方法：小圆柱体与前述圆柱体等高度，圆心位置相同。

操作命令：CYLINDER 等。

命令：CYLINDER

指定底面的中心点或 [三点(3P)/两点(2P)/切点、切点、半径(T)/椭圆(E)]：

指定底面半径或 [直径(D)] <20.0000>：12

指定高度或 [两点(2P)/轴端点(A)] <35.0000>：35

操作示意：见图9-6。

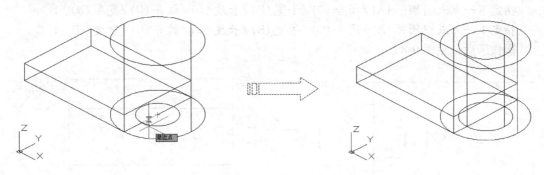

图 9-6　绘制一个小圆柱体

（6）建立新的 UCS

操作方法：在底部长方体的顶面建立新的 UCS，以便在其上面绘制平面图形。

操作命令：UCS 等。

命令：UCS

当前 UCS 名称：*世界*

指定 UCS 的原点或 ［面 (F) / 命名 (NA) / 对象 (OB) / 上一个 (P) / 视图 (V) / 世界 (W) / X / Y / Z / Z 轴 (ZA)］ <世界>：F

选择实体面、曲面或网格：

输入选项 ［下一个 (N) / X 轴反向 (X) / Y 轴反向 (Y)］ <接受>：(回车)

操作示意：见图9-7。

图 9-7　建立新的 UCS

（7）绘制长方形轮廓

操作方法：先使用 PLAN 设置为当前 UCS 的平面视图，然后再绘制长方形轮廓。

操作命令：PLAN、PLINE 等。

① 命令：PLAN

输入选项 ［当前 UCS (C) / UCS (U) / 世界 (W)］ <当前 UCS>：

正在重生成模型。

② 命令：PLINE

指定起点：

当前线宽为 0.0000

指定下一点或 ［圆弧 (A) / 半宽 (H) / 长度 (L) / 放弃 (U) / 宽度 (W)］：60

指定下一点或 ［圆弧 (A) / 闭合 (C) / 半宽 (H) / 长度 (L) / 放弃 (U) / 宽度 (W)］：20

指定下一点或 [圆弧(A)/闭合(C)/半宽(H)/长度(L)/放弃(U)/宽度(W)]:
指定下一点或 [圆弧(A)/闭合(C)/半宽(H)/长度(L)/放弃(U)/宽度(W)]:
指定下一点或 [圆弧(A)/闭合(C)/半宽(H)/长度(L)/放弃(U)/宽度(W)]: C
操作示意: 见图9-8。

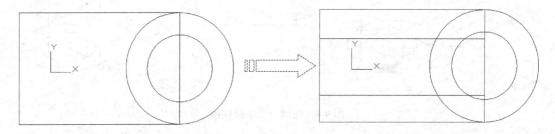

图9-8 绘制长方形轮廓

(8) 绘制凹槽轮廓平面

操作方法: 使用 PLINE 及 CIRCLE 绘制凹槽轮廓平面
操作命令: PLINE、CIRCLE 等。

① 命令:PLINE
指定起点:
当前线宽为 0.0000
指定下一点或 [圆弧(A)/半宽(H)/长度(L)/放弃(U)/宽度(W)]: 15
指定下一点或 [圆弧(A)/闭合(C)/半宽(H)/长度(L)/放弃(U)/宽度(W)]: 8
指定下一点或 [圆弧(A)/闭合(C)/半宽(H)/长度(L)/放弃(U)/宽度(W)]:
指定下一点或 [圆弧(A)/闭合(C)/半宽(H)/长度(L)/放弃(U)/宽度(W)]:
指定下一点或 [圆弧(A)/闭合(C)/半宽(H)/长度(L)/放弃(U)/宽度(W)]:
② 命令:CIRCLE
指定圆的圆心或 [三点(3P)/两点(2P)/切点、切点、半径(T)]:
指定圆的半径或 [直径(D)]: 4
操作示意: 见图9-9。

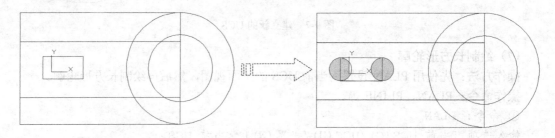

图9-9 绘制凹槽轮廓平面

(9) 对凹槽轮廓平面图形进行剪切

操作方法: 使用 PEDIT 功能命令进行连接为一体线条。
操作命令: TRIM、PEDIT 等。

① 命令:TRIM
当前设置:投影=UCS, 边=无

选择剪切边……

选择对象或 <全部选择>: 指定对角点: 找到 1 个

选择对象: 指定对角点: 找到 1 个, 总计 2 个

选择对象:

选择要修剪的对象, 或按住 Shift 键选择要延伸的对象, 或

[栏选(F)/窗交(C)/投影(P)/边(E)/删除(R)/放弃(U)]: 指定对角点:

选择要修剪的对象, 或按住 Shift 键选择要延伸的对象, 或

[栏选(F)/窗交(C)/投影(P)/边(E)/删除(R)/放弃(U)]:

② 命令: PEDIT

选择多段线或 [多条(M)]: M

选择对象: 指定对角点: 找到 4 个

选择对象:

是否将直线、圆弧和样条曲线转换为多段线? [是(Y)/否(N)]? <Y> Y

输入选项 [闭合(C)/打开(O)/合并(J)/宽度(W)/拟合(F)/样条曲线(S)/非曲线化(D)/线型生成(L)/反转(R)/放弃(U)]: J

合并类型 = 延伸

输入模糊距离或 [合并类型(J)] <0.0000>: 0

多段线已增加 3 条线段

输入选项 [闭合(C)/打开(O)/合并(J)/宽度(W)/拟合(F)/样条曲线(S)/非曲线化(D)/线型生成(L)/反转(R)/放弃(U)]:

操作示意: 见图 9-10。

图 9-10　对凹槽轮廓平面图形进行剪切

(10) 调整长方形轮廓及凹槽轮廓平面位置

操作方法: 移动平面图形使得二者位于机械零件底部长边的中心线上。

操作命令: LINE、MOVE、ERASE 等。

操作示意: 见图 9-11。

(11) 切换为三维视图观察图形

操作方法: 使用 VP 功能命令进行观察。

操作命令: VP 等。

操作示意: 见图 9-12。

图 9-11　调整长方形轮廓及凹槽轮廓平面位置

图 9-12　切换为三维视图观察图形

（12）对长方形轮廓平面及凹槽平面进行拉伸得到三维图形

操作方法： 分别按设计拉伸一定的高度。

操作命令： EXTRUDE 、HIDE、ERASE 等。

命令：EXTRUDE

当前线框密度： ISOLINES=4，闭合轮廓创建模式 = 实体

选择要拉伸的对象或 ［模式(MO)］： _MO 闭合轮廓创建模式 ［实体(SO)／曲面(SU)］

<实体>： _SO

选择要拉伸的对象或 ［模式(MO)］：找到 1 个

选择要拉伸的对象或 ［模式(MO)］：找到 1 个，总计 2 个

选择要拉伸的对象或 ［模式(MO)］：

指定拉伸的高度或 ［方向(D)／路径(P)／倾斜角(T)／表达式(E)］ <5.0000>： 5

操作示意： 见图 9-13。

图 9-13　拉伸凹槽等得到三维图形

（13）在原位置复制 1 个大圆柱体图形，然后使用 SUBTRACT 进行差集运算

操作方法： 进行差集运算时先选择 2 个大小不同的长方体轮廓，然后再选择其中 1 个大圆柱体图形，才能得到正确的运算结果。

操作命令： COPY、SUBTRACT 等。

① 命令：COPY

找到 1 个

当前设置：复制模式 = 多个

指定基点或 [位移(D)/模式(O)] <位移>：

指定第二个点或 [阵列(A)] <使用第一个点作为位移>：

指定第二个点或 [阵列(A)/退出(E)/放弃(U)] <退出>：

② 命令：SUBTRACT

选择要从中减去的实体、曲面和面域……

选择对象：找到 1 个

选择对象：找到 1 个，总计 2 个

选择对象：

选择要减去的实体、曲面和面域……

选择对象：找到 1 个

选择对象：

操作示意： 见图 9-14。

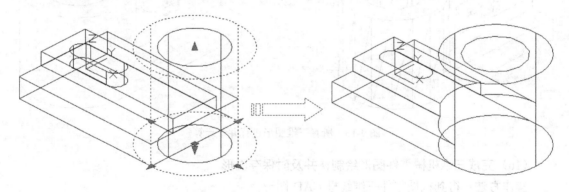

图 9-14　进行差集运算

（14）分别使用 SUBTRACT 对大圆柱体和小圆柱体、小长方体和凹槽体分别进行差集运算

操作方法： 依次运算时先选择大的圆柱体、小长方体，然后选择小的圆柱体、凹槽体。

操作命令： SUBTRACT、HIDE 等。

命令：SUBTRACT

选择要从中减去的实体、曲面和面域……

选择对象：找到 1 个

选择对象：

选择要减去的实体、曲面和面域……

选择对象：找到 1 个

选择对象：

操作示意： 见图 9-15。

图 9-15   对大圆柱体和小圆柱体进行差集运算

（15）将所有三维图形进行并集运算

操作方法： 形成整体机械零件三维图形。

操作命令： UNION 等。

命令：UNION

选择对象：指定对角点：找到 3 个

选择对象：

操作示意： 见图 9-16。

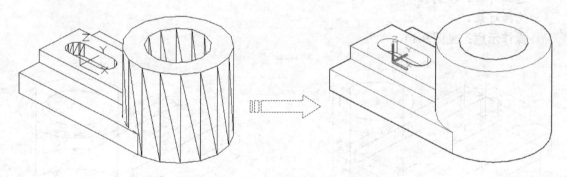

图 9-16   所有三维图形进行并集运算

（16）完成三维机械零件图形绘制，并及时保存图形

操作方法： 得到机械零件三维线框 CAD 图形。

操作命令： VP、ZOOM、SAVE 等。

操作示意： 见图 9-17。

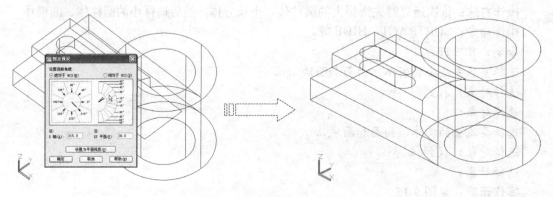

图 9-17   完成三维机械零件图形绘制

（17）进行消隐或隐藏观察三维图形绘制效果

操作方法：使用 HIDE 进行消隐观察，注意若先选择视图显示为二维线框状态或线框状态，然后再进行消隐，则得到的消隐效果有所不同。

操作命令：HIDE、VSCURRENT 等。

操作示意：见图 9-18。

二维线框状态下进行消隐效果　　　　线框状态下消隐效果

图 9-18　不同状态下的消隐效果

（18）对三维机械零件图形进行尺寸标注

操作方法：标注方法参见前面相关章节论述的标注方法，限于篇幅，具体标注操作过程在此从略。

操作命令：STYLE、DIMSTYLE、DIMALIGNED 等。

操作示意：见图 9-19。

图 9-19　对三维机械零件图形进行尺寸标注

（19）对三维机械零件图形进行简单美化，得到立体效果更强的三维机械零件图形

操作方法：先使用 UCS 将当前 UCS 切换为 WCS，然后选择视图样式功能命令 VSCURRENT 进行三维图形效果观察，可以选择概念效果、真实效果进行观察。

操作命令：UCS、VSCURRENT 等。

① 命令：UCS

当前 UCS 名称：*没有名称*

指定 UCS 的原点或 [面(F)/命名(NA)/对象(OB)/上一个(P)/视图(V)/世界(W)/X/Y/Z/Z 轴(ZA)] <世界>：W

② 命令：VSCURRENT

输入选项 [二维线框 (2) / 线框 (W) / 隐藏 (H) / 真实 (R) / 概念 (C) / 着色 (S) / 带边缘着色 (E) / 灰度 (G) / 勾画 (SK) / X 射线 (X) / 其他 (O)] ＜二维线框＞：_C

操作示意：见图 9-20。

（20）使用动态观察命令任意旋转视图观察三维机械零件图形绘制效果

操作方法：使用动态观察命令 3DFOrbit 等进行观察。按前述方法练习绘制图 9-21 所示机械零件三维图形。

操作命令：3DFOrbit、3DOrbit、3DCOrbit、SAVE 等。

命令：3DFOrbit

按 Esc 或 Enter 键退出，或者单击鼠标右键显示快捷菜单。

图 9-20 对三维机械零件图形进行简单美化

操作示意：见图 9-22。

图 9-21 机械零件三维图形练习案例

图 9-22 动态观察三维图形

第 10 章

机械设计 CAD 图打印与转换输出

机械设计各种 CAD 图形绘制完成后，需要打印输出，即打印成图纸供使用。此外，CAD 图形还可以输出为其他格式电子数据文件（如 PDF 格式文件、JPG 和 BMP 格式图像文件等），供 Word 文档使用，实现 CAD 图形与 Word 文档互通共享。

10.1 机械设计 CAD 图形打印 ‹‹‹

机械设计 CAD 图形打印是指利用打印机或绘图仪，将图形打印到图纸上。

10.1.1 机械设计 CAD 图形打印设置

CAD 图形打印设置，通过"打印－模型"或"打印－布局**"对话框进行。启动该对话框有如下几种方法。

① 打开【文件】下拉菜单 ，选择【打印】命令选项。

② 在【标准】工具栏上单击【打印】命令图标 🖨 。

③ 在"命令："命令行提示下直接输入 PLOT 命令。

④ 使用命令按键，即同时按下"Ctrl"和"P"按钮键。

⑤ 使用快捷菜单命令，即在"模型"选项卡或布局选项卡上单击鼠标右键，在弹出的菜单中单击"打印"，如图 10-1 所示。

执行上述操作后，AutoCAD 将弹出"打印－模型"或"打印－布局**"对话框，如图 10-2 所示。若单击对话框右下角的"更多选项"按钮，可以在"打印"对话框中显示更多选项，如图 10-3 所示。

打印对话框各个选项单功能含义和设置方法如下所述。

（1）页面设置

"页面设置"对话框的标题显示了当前布局的名称。列出图形中已命名或已保存的页面设置；可以将图形中保存的命名页面设置作为当前页面设置，也可以在"打印"对话框中单击"添加"，基于当前设置创建一个新的命名页面设置。

图 10-1　使用快捷菜单打印

图 10-2　打印对话框

图 10-3　打印对话框全图

　　若使用与前一次打印方法相同（包括打印机名称、图幅大小、比例等），可以选择"上一次打印" 或选择"输入"在文件夹中选择保存的图形页面设置，如图 10-4 所示；也可以添加新的页面设置，如图 10-5 所示。

图 10-4　选择"上一次打印"

图 10-5　添加新的页面设置

（2）打印机／绘图仪

在 AutoCAD 中，非系统设备称为绘图仪，Windows 系统设备称为打印机。

该选项是指定打印布局时使用已配置的打印设备。如果选定绘图仪不支持布局中选定的图纸尺寸，将显示警告，用户可以选择绘图仪的默认图纸尺寸或自定义图纸尺寸。打开下拉列表，其中列出可用的 PC3 文件或系统打印机，可以从中进行选择，以打印当前布局。设备名称前面的图标识别其为 PC3 文件还是系统打印机，如图 10-6 所示。PC3 文件是指 AutoCAD 将有关介质和打印设备的信息存储在配置的打印文件(PC3)中的文件类型。

右侧"特性"按钮，是显示绘图仪配置编辑器（PC3 编辑器），从中可以查看或修改当前绘图仪的配置、端口、设备和介质设置，如图 10-7 所示。如果使用"绘图仪配置编辑器"更改 PC3 文件，将显示"修改打印机配置文件"对话框。

图 10-6　选择打印机类型

图 10-7　打印机特性对话框

（3）打印到文件

打印输出到文件而不是绘图仪或打印机。打印文件的默认位置是在"选项"对话框→"打印和发布"选项卡→"打印到文件操作的默认位置"中指定的。如果"打印到文件"选项已打开，单击"打印"对话框中的"确定"将显示"打印到文件"对话框（标准文件浏览对话框），文件类型为"*.plt"格式文件，如图 10-8 所示。

图 10-8　打印到文件

（4）局部预览

在对话框约中间位置，局部预览是精确显示相对于图纸尺寸和可打印区域的有效打印区域，提示显示图纸尺寸和可打印区域，如图 10-9 左侧图示意。若图形比例大，打印边界超出图纸范围，**局部预览**将显示红线，如图 10-9 右侧图示意。

图 10-9　局部预览功能

（5）图纸尺寸

显示所选打印设备可用的标准图纸尺寸，如图 10-10 所示。如果未选择绘图仪，将显示全部标准图纸尺寸的列表以供选择。如果所选绘图仪不支持布局中选定的图纸尺寸，将显示警告，用户可以选择绘图仪的默认图纸尺寸或自定义图纸尺寸。页面的实际可打印区域（取决于所选打印设备和图纸尺寸）在布局中由虚线表示；如果打印的是光栅图像（如 BMP 或 TIFF 文件），打印区域大小的指定将以像素为单位而不是英寸或毫米。

图 10-10　选择打印图纸尺寸

（6）打印区域

指定要打印的图形部分。在"打印范围"下，可以选择要打印的图形区域。

① 布局/图形界限　打印布局时，将打印指定图纸尺寸的可打印区域内的所有内容，其原点从布局中的 0,0 点计算得出。从"模型"选项卡打印时，将打印栅格界限定义的整个图形区域。如果当前视口不显示平面视图，该选项与"范围"选项效果相同。

② 范围　打印包含对象的图形的部分当前空间。当前空间内的所有几何图形都将被打印。打印之前，可能会重新生成图形以重新计算范围。

③ 显示　打印选定的"模型"选项卡当前视口中的视图或布局中的当前图纸空间视图。

④ 视图　打印先前通过 VIEW 命令保存的视图。可以从列表中选择命名视图。如果图

形中没有已保存的视图，此选项不可用。选中"视图"选项后，将显示"视图"列表，列出当前图形中保存的命名视图。可以从此列表中选择视图进行打印。

⑤ 窗口　打印指定的图形部分。如果选择"窗口"，"窗口"按钮将称为可用按钮。单击"窗口"按钮以使用定点设备指定要打印区域的两个角点，或输入坐标值。这种方式最为常用，如图 10-11 所示。

图 10-11　窗口选择打印范围

（7）打印份数

指定要打印的份数，从 1 份至多份，份数无限制。若是打印到文件时，此选项不可用。

（8）打印比例

根据需要，对图形打印比例进行设置。一般地，在绘图时图形是以毫米（mm）为单位，按 1：1 绘制的，即设计大的图形长 1 米（1000mm），绘制时绘制 1000mm。因此，打印是可以使用任何需要的比例进行打印，包括按布满图纸范围打印、自行定义打印比例大小，如图 10-12 所示。

（a）按布满图纸范围打印　　　　　　　　　　（b）自行定义打印比例大小

图 10-12　打印比例设置

（9）打印偏移

根据"指定打印偏移时相对于"选项（"选项"对话框，"打印和发布"选项卡）中的设置，指定打印区域相对于可打印区域左下角或图纸边界的偏移。"打印"对话框的"打印偏移"区域显示了包含在括号中的指定打印偏移选项。图纸的可打印区域由所选输出设备决定，在布局中以虚线表示。修改为其他输出设备时，可能会修改可打印区域。

通过在"X 偏移"和"Y 偏移"框中输入正值或负值，可以偏移图纸上的几何图形。图纸中的绘图仪单位为英寸或毫米，如图 10-13 所示。

图 10-13　打印偏移方式

① 居中打印　自动计算 X 偏移和 Y 偏移值，在图纸上居中打印。当"打印区域"设置为"布局"时，此选项不可用。

② X　相对于"打印偏移定义"选项中的设置指定 X 方向上的打印原点。

③ Y　相对于"打印偏移定义"选项中的设置指定 Y 方向上的打印原点。

（10）预览

单击对话框左下角的"预览"按钮，也可以按执行 PREVIEW 命令时，系统将在图纸上以打印的方式显示图形打印预览效果，如图 10-14 所示。要退出打印预览并返回"打印"对话框，请按 Esc 键，然后按 Enter 键，或单击鼠标右键，然后单击快捷菜单上的"退出"。

图 10-14　打印效果（预览）

（11）其他选项简述

在其他选项中，最为常用的是"打印样式表（笔指定）"和"图形方向"。

① 打印样式表　打印样式表（笔指定）即设置、编辑打印样式表，或者创建新的打印样式表，如图 10-15 所示。

图 10-15　打印样式表

名称（无标签）一栏显示指定给当前"模型"选项卡或布局选项卡的打印样式表，并提供当前可用的打印样式表的列表。如果选择"新建"，将显示"添加打印样式表"向导，可用来创建新的打印样式表。显示的向导取决于当前图形是处于颜色相关模式还是处于命名模式。一般地，要打印为黑白颜色的图纸，选择其中的"monochrome.ctb"即可；要按图面显示的颜色打印，选择"无"即可。

编辑按钮显示打印样式表编辑器，从中可以查看或修改当前指定的打印样式表中的打印样式。

② 图形方向　图形方向是为支持纵向或横向的绘图仪指定图形在图纸上的打印方向，图纸图标代表所选图纸的介质方向，字母图标代表图形在图纸上的方向，如图 10-16 所示。

图 10-16　图形方向选择

纵向放置并打印图形，使图纸的短边位于图形页面的顶部；横向放置并打印图形，使图纸的长边位于图形页面的顶部。如图 10-17 所示。

（a）纵向放置　　　　　　　　　　　　　　（b）横向放置

图 10-17　图形方向打印效果

10.1.2　机械设计 CAD 图形打印

机械设计 CAD 图形绘制完成后，按下面方法即可通过打印机将图形打印到图纸上。

① 先打开图形文件。

② 启动打印功能命令，可以通过如下方式启动：

a．依次单击文件(F)下拉菜单，选择打印(P)命令选项；

b．单击标准工具栏上的打印图标 🖶；

c．在命令提示下，输入 plot。

③ 在"打印"对话框的"打印机/绘图仪"下，从"名称"列表中选择一种绘图仪，如图 10-18 所示。

④ 在"图纸尺寸"下，从"图纸尺寸"框中选择图纸尺寸，并在"打印份数"下，输入要打印的份数，具体设置操作参见前一节所述。

⑤ 在"打印区域"下，指定图形中要打印的部分，设置打印位置（包括相 X、Y 轴方向偏移数值或居中打印），同时注意在"打印比例"下，从"比例"框中选择缩放比例。具体设置操作参见前一节所述。

⑥ 有关其他选项的信息，单击"其他选项"按钮⊙。注意打印戳记只在打印时出现，不与图形一起保存。

图 10-18　选择打印机

a. （可选）在"打印样式表 （笔指定）"下，从"名称"框中选择打印样式表。

b. （可选）在"着色视口选项"和"打印选项"下，选择适当的设置。

⑦ 在"图形方向"下，选择一种方向，具体设置操作参见前一节所述。

⑧ 单击"预览"进行预览打印效果，如图 10-19 （a）所示，然后单击右键，在弹出的快捷菜单中选择"打印"或"退出"，如图 10-19 （b）所示。

（a）打印效果预览

（b）快捷菜单打印

图 10-19　打印预览

10.2　机械设计 CAD 图形输出其他格式图形文件方法

10.2.1　CAD 图形输出为 PDF 格式图形文件

PDF 格式数据文件是指 Adobe 便携文档格式（**Portable Document Format**，简称 PDF）文件。PDF 是进行电子信息交换的标准，可以轻松分发 PDF 文件，以在 Adobe Reader 软件（注：Adobe Reader 软件可从 Adobe 网站免费下载获取）中查看和打印。此外，使用 PDF 文件的图形，不需安装 AutoCAD 软件，可以与任何人共享图形数据信息，浏览图形数据文件。

输出图形数据 PDF 格式文件方法如下。

① 在命令提示下，输入 plot 启动打印功能。

② 在"打印"对话框的"打印机/绘图仪"下的"名称"框中，从"名称"列表中选择 "DWG to PDF.pc3"配置。可以通过指定分辨率来自定义 PDF 输出。在绘图仪配置编辑器中的"自定义特性"对话框中，可以指定矢量和光栅图像的分辨率，分辨率的范围从 150～4800 dpi（最大分辨率）。如图 10-20 所示。

图 10-20 选择 DWG To PDF.pc3 或 Adobe PDF

③ 也可以选择"Adobe PDF"进行打印输出为 PDF 图形文件，操作方法类似"DWG To PDF.pc3"方式（注：使用此种方法需要安装软件 Adobe Acrobat）。

④ 根据需要为 PDF 文件选择打印设置，包括图纸尺寸、比例等，具体参见前一节所述。然后单击"确定"。

⑤ 打印区域通过"窗口"选择图形输出范围，如图 10-21 所示。

图 10-21 窗口选择图形打印输出 PDF 范围

⑥ 在"浏览打印文件"对话框中，选择一个位置并输入 PDF 文件的文件名，如图 10-22 示意。最后单击"保存"，即可得到*.PDF 为后缀的 PDF 格式的图形文件。

10.2.2 CAD 图形输出为 JPG / BMP 格式图形文件

AutoCAD 可以将图形以非系统光栅驱动程序支持若干光栅文件格式（包括 Windows BMP、CALS、TIFF、PNG、TGA、PCX 和 JPEG）输出，其中最为常用的是 BMP 和 JPG 格式光栅文件。创建光栅文件需确保已为光栅文件输出配置了绘图仪驱动程序，即在打印机 / 绘图仪一栏内显示相应的名称（如选择 PublishToWeb JPG.pc3），如图 10-23 所示。

图 10-22　输出 PDF 图形文件

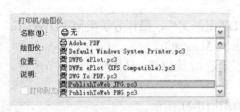

图 10-23　JPG 打印设备

（1）输出 JPG 格式光栅文件方法

① 在命令提示下，输入 plot 启动打印功能。

② 在"打印"对话框的"打印机/绘图仪"下，在"名称"框中，从列表中选择光栅格式配置绘图仪为"PublishToWeb JPG.pc3"，如图 10-23 所示。

③ 根据需要为光栅文件选择打印设置，包括图纸尺寸、比例等，具体设置操作参见前一节所述。然后单击"确定"。　系统可能会弹出"绘图仪配置不支持当前布局的图纸尺寸"之类的提示，此时可以选择其中任一个进行打印，例如选择"使用自定义图纸尺寸并将其添加到绘图仪配置"，然后可以在图纸尺寸列表中选择合适的尺寸。如图 10-24 所示。

图 10-24　自定义图纸尺寸

④ 打印区域通过"窗口"选择出 JPG 格式文件的图形范围，如图 10-25 所示。

⑤ 在"浏览打印文件"对话框中，选择一个位置并输入光栅文件的文件名，然后单击"保存"，如图 10-26 所示。

图 10-25 选择出 JPG 格式文件的图形范围

图 10-26 输出 JPG 格式图形文件

（2）输出 BMP 格式光栅文件方法

① 打开文件下拉菜单，选择输出命令选项，如图 10-27 所示。

② 在"输出数据"对话框中，选择一个位置并输入光栅文件的文件名，然后在文件类型中选择"位图（*.bmp）"，接着单击"保存"，如图 10-28 所示。

图 10-27 选择输出

图 10-28 选择 bmp 格式类型

③ 然后返回图形窗口，选择输出为 bmp 格式数据文件的图形范围，最后按回车即可，如图 10-29 所示。

图 10-29　选择输出图形范围得到 bmp 文件

命令：export
选择对象或 <全部对象和视口>：指定对角点：找到 1 个
选择对象或 <全部对象和视口>：

10.3　机械设计 CAD 图形应用到 Word 文档方法 «««

本节将介绍如何将 CAD 图形应用到 Word 文档中，轻松实现 CAD 图形的文档应用功能。

10.3.1　使用"Prtsc"按键复制应用到 Word 中

① CAD 绘制完成图形后，使用 ZOOM 功能命令将要使用的图形范围放大至充满整个屏幕区域。如图 10-30。

图 10-30　调整图形显示范围

命令：ZOOM

指定窗口的角点，输入比例因子 (nX 或 nXP)，或者

[全部 (A) /中心 (C) /动态 (D) /范围 (E) /上一个 (P) /比例 (S) /窗口 (W) /对象 (O)]

<实时>：W（或输入 E）

指定第一个角点：指定对角点：

② 按下键盘上的"Prtsc"按键，将当前计算机屏幕上所有显示的图形复制到 Windows 系统的剪贴板上，然后切换到 Word 文档窗口中，单击右键，在快捷键上选择"粘贴"或按 "Ctrl+V"组合键，图形图片即可复制到 Word 文档光标位置，如图 10-31 所示。

图 10-31　粘贴图形到 Word 文档中

③ 在 Word 文档窗口中，单击图形图片，在"格式"菜单下选择图形工具的"裁剪"，如图 10-32 所示。

图 10-32　执行 Word 的"裁剪"工具

④ 将光标移动至图形图片处，单击光标拖动即可进行裁剪，如图 10-33 所示。

⑤ 移动光标至图形图片另外边或对角处，单击光标拖动即可进行裁剪。完成图形图片操作。即可使用 CAD 绘制的图形，可以在 Word 文档中将图片复制移动任意位置使用，如图 10-34 所示。

图 10-33　拖动光标进行图形图片裁剪

图 10-34　完成图形图片裁剪

10.3.2　通过输出 PDF 格式文件应用到 Word 中

① 按照本章前面小节所述方法将 CAD 绘制的图形输出为 PDF 格式文件,输出的图形文件保存在电脑某个目录下,本案例输出的图形名称为"*** Model (1).pdf",如图 10-35 所示。

图 10-35　将图形输出为 PDF 格式文件

② 在电脑中找到"*** Model (1).pdf"文件，单击选中，然后单击右键弹出快捷菜单，在快捷菜单上选择"复制"，将图形复制到 Windows 系统剪贴板中，如图 10-36 所示。

图 10-36　将 PDF 图形文件复制到剪贴板中

③ 切换到 Word 文档中，在需要插入图形的地方单击右键选择快捷菜单中的"粘贴"，或按"Ctrl+V"组合键，将剪贴板上的 PDF 格式图形复制到 Word 文档中光标位置，如图 10-37 所示。

图 10-37　将 PDF 图形文件粘贴到 Word 文档中

④ 注意，插入的 PDF 图形文件大小与输出文件大小有关，需要进行调整适合 Word 文档窗口。方法是单击选中该文件，按住左键拖动光标调整其大小即可，如图 10-38 所示。

⑤ 此外，使用 PDF 格式文件复制，其方向需要在 CAD 输出 PDF 时调整合适方向及角度（也可以在 Acrobat pro 软件中调整），因为其不是图片 JPG/BMP 格式，PDF 格式文件插入 Word 文档后不能裁剪和旋转，单击右键快捷菜单选择"设置对象格式"中旋转不能使用。这是此种 CAD 图形转换应用方法的不足之处，如图 10-39 所示。

图 10-38　调整适合 Word 文档窗口

（a）插入的 PDF 图形文件"设置对象格式"中旋转不能使用

（b）Acrobat pro 软件中调整图形方向　　　　（c）PDF 文件插入 Word 文档的图形方向

图 10-39　关于 PDF 格式文件的方向及裁剪

10.3.3　通过输出 JPG/BMP 格式文件应用到 Word 中

① 按照本章前面小节所述方法将 CAD 绘制的图形输出为 jpg 格式图片文件，输出的图形图片文件保存在电脑某个目录下，本案例输出的图形名称类似"***-Model.jpg"，如图 10-40 所示。

图 10-40　输出 JPG 格式图形图片文件

② 在电脑中找到"***-Model.jpg"文件，单击选中，然后单击右键弹出快捷菜单，在快捷菜单上选择"复制"，将图形复制到 Windows 系统剪贴板中，如图 10-41 所示。

图 10-41　复制 JPG 图形图片文件

③ 切换到 Word 文档中，在需要插入图形的地方单击右键选择快捷菜单中的"粘贴"，或按"Ctrl+V"组合键，将剪贴板上的 jpg 格式图形图片复制到 Word 文档中光标位置。插入的图片比较大，需要图纸大小适合 Word 窗口使用，如图 10-42 所示。

④ 利用 Word 文档中的图形工具的"裁剪"进行调整，或利用设置对象格式进行调整，使其符合使用要求，如图 10-43 所示。BMP 格式的图形图片文件应用方法与此相同，限于篇幅，BMP 格式图片的具体操作过程在此从略。

图 10-42   粘贴图形图片文件到 Word 文档中

图 10-43   调整 JPG 图片大小